输煤系统事故案例分析

郑健文　陈　伟
李雪松　林　力　编

中国电力出版社
CHINA ELECTRIC POWER PRESS

内 容 提 要

本书收录了燃煤火力发电厂2000～2012年输煤系统发生的比较典型的人身和设备事故案例，按皮带机、堆取料机、卸煤岗位事故进行编写，其中皮带机岗位事故46例，堆取料机岗位事故22例，卸煤岗位事故21例。每个事故案例均从事故经过、原因分析、暴露出的问题、防范措施四个方面进行分析和阐述，便于有针对性地防范同类事故的发生。

本书可供燃煤火力发电厂生产和管理人员以及安全管理部门人员学习参考。

图书在版编目（CIP）数据

输煤系统事故案例分析/郑健文等编. —北京：中国电力出版社，2013.7（2019.9 重印）

ISBN 978-7-5123-4452-5

Ⅰ.①输… Ⅱ.①郑… Ⅲ.①火电厂-电厂燃烧系统-设备事故-案例 Ⅳ.①TM621.2

中国版本图书馆CIP数据核字（2013）第098251号

中国电力出版社出版、发行

（北京市东城区北京站西街19号 100005 http://www.cepp.sgcc.com.cn）

三河市百盛印装有限公司印刷

各地新华书店经售

*

2013年7月第一版 2019年9月北京第二次印刷

850毫米×1168毫米 32开本 9.25印张 240千字

印数3001—4500册 定价**30.00**元

版 权 专 有 侵 权 必 究

本书如有印装质量问题，我社营销中心负责退换

前　言

随着风电、潮汐能发电、核电、太阳能光伏发电、天然气分布式能源站的不断发展，我国电力生产行业呈现出迅速发展的大好局面，然而燃煤火力发电仍然是我国主要的电力生产形式。作为电厂锅炉燃烧提供燃料的输煤系统，其安全可靠性显得更为重要。电厂输煤系统主要由卸煤设备、输送设备、破碎筛分设备、煤场机械、计量设备、辅助设备等几个部分组成。在输煤过程易发生粉尘及煤粉泄漏，所以电厂输煤系统常发生煤粉自燃引起的火灾事故和转动机械引起的人身伤害事故，造成电厂的财产损失和人身伤害，影响电厂的安全经济运行。

为了让电厂从业人员从以往事故中吸取教训，避免类似事故的发生，保证电厂输煤系统的安全经济运行，编者收录了各电厂 2000～2012 年输煤系统发生的比较典型的人身和设备事故案例，每个事故案例均从事故经过、原因分析、暴露出的问题、防范措施四个方面进行分析和阐述，便于有针对性地防范同类事故的发生，为从事燃料岗位和相关管理人员提供一套安全教育和安全培训活生生的教材。通过对这些事故案例的学习，更应该清醒地认识到“违章作业是事故的根源”，一时的疏忽麻痹大意或侥幸心理都有可能造成极其严重的后果。

书中所选用的“事故案例”均属真实发生事例，也有不同的年代背景，为使这些事故原因、暴露出的问题及应吸取的教训和防范措施能够体现生产工作中的实用性，根据现行规章制度和有关安全规定，在收录过程中稍微做了部分修改和补充。

限于编者水平，书中不妥之处在所难免，敬请读者批评指正。

编　者

2013 年 5 月

目 录

第一部分

皮带机岗位事故案例及分析

案例一　运行设备了解不清造成人身死亡事故

一、事故经过

2010年4月9日5时40分，某电厂集控巡检人员发现62号炉D原煤斗底部检查孔处有一块防磨板，当班值长熊××通知锅炉检修消缺，并于6时2分通知燃运班长杜×62号炉D原煤斗不上煤。12时0分该煤斗内存煤烧完，集控运行停运62号炉D磨煤机。

2010年4月9日12时8分，锅炉检修部转机班工程师杨××使用班长徐×的名字和MIS系统操作密码签发出G-RLJX-2010040071号工作票，工作负责人为杨×（男，34岁，锅炉检修部转机班工程师），工作班成员史××（男，38岁，锅炉检修部转机班专责工）。集控运行做工作票所列安全措施：停止62号炉给煤机运行断电并挂禁止操作牌；关闭62号炉给煤机密封风门并挂禁止操作牌。14时17分许可开始检修工作。检修工作开工后，检修人员在D给煤机上方原煤斗与给煤机入口闸板门间的连接缩管上割开一检修孔，18时20分从检修孔中取出全部防磨板，同时发现原煤斗内的疏松机支架垮塌。锅炉检修部高级工程师刘×（男，25岁）安排进入D原煤斗内对疏松机支架进行处理。18时30分左右工作负责人杨×通过先前割好的检修孔，在原煤斗底部1m处搭建一块木质跳板，并站在跳板上对煤斗疏松机进行处理，刘×在原煤仓外监护。18时52分刘×离开现场到生产大楼参加每晚19时的值班例会，随后配合检修工作的焊工李××（女，45岁，锅炉检修部焊工专责）进入原煤斗，史××在煤斗外监护。

18时55分左右，燃运一班巡检员李××（男，47岁，燃运9号皮带巡检员）检查发现62号炉D原煤斗已空，在未征询燃运程控员同意的情况下将该煤斗10A犁煤器控制方式切为“就地”，按下“落犁”按钮，向该煤斗上煤，看见下煤正常后又将犁煤器控制方式切为“程控”，该犁煤器自动抬起（上个班燃运程控员在得到值长通知后已将该设备状态设置为检修)。整个上煤时间约为2min，原煤将在原煤斗下部作业的杨×、李××掩埋。同时原煤斗外的史××听到煤斗内有落煤声音，看见原煤已从检修孔中落出，并发现原煤斗内两人均被压在跳板上，跳板上方积煤，迅速和现场两名工作人员展开施救，施救无效，立即到集控室汇报值长："停止上煤，赶快救人"，同时汇报锅炉检修部领导。值长接到报告立即命令燃运停运皮带，组织人员抢救，并汇报公司领导及相关部门，同时拨打119、120求救电话。

二、原因分析

(1) 燃运人员未认真执行交接班制度，未开班前会，运行各岗位间沟通不足且对设备状态了解不清，巡检员擅自操作10A犁煤器是此次事故的直接原因。

由于高速公路堵车，当班运行人员18时左右才赶到电厂(正常到现场时间为16时30分，17时正式接班)，因此燃运一班匆忙接班后，设备状况只有运行副班长田××(男，47岁，燃运一值运行副班长，主持工作。当日班长因公外出)知道，对值长交待的62号炉D磨煤机不能进煤工作只传达到了程控员许××(女，41岁，燃运一班程控值班员)，未传达给9号皮带巡检员；而白班9号皮带巡检员魏×(女，30岁，燃运四班巡检员)交班时未给接班巡检员李××作交待。程控员许××在安排上煤时也未向李××交待62号炉D原煤斗不能进煤。按照当日配煤要求，向62号炉A、C原煤斗进煤过程中，李××发现62号炉D原煤斗空仓，在未与许××进行联系的情况下，擅自将该煤种补进62号炉D原煤斗，造成原煤斗内检修人员被掩埋。

(2) 工作票工作内容不清，安全措施不全是此次事故的主要原因。工作票所列工作内容为62号炉D给煤机检修，而最后一次检修工作实际是在原煤斗内进行的，已超出工作票所列工作内容，应该扩大安全措施范围。工作负责人杨×及易×(男，33岁，锅炉检修部主任)和刘×只是口头告知运行值长62号炉D原煤斗不能上煤，而没有进一步要求完善相关安全措施(如对D

原煤斗犁煤器停电），给燃运巡检员擅自操作提供了条件，致使事故发生。

（3）检修工作负责人杨×安全意识淡薄，在扩大检修范围后，未检查原有安全措施能否保证工作安全，未认真履行工作监护职责，监护工作不到位是此次事故的重要原因。

（4）锅炉检修部高级工程师刘×在安排工作时，未认真交待安全注意事项，检修组成员史××和李××在不清楚工作票的工作内容和安全注意事项的情况下，也未主动向工作负责人杨×询问工作内容和提出安全措施，是造成此次事故的另一重要原因。

（5）值长接到集控巡检人员汇报，发现检修开孔作业，未进一步询问工作负责人工作内容有无变化，未再次核对安全措施是否完善是此次事故的原因之一。

三、暴露出的问题

（1）安全生产责任制落实不力。各级人员没有认真履行安全职责，对作业的危险点未进行有效的分析和控制，安全管理和安全监督不到位。部分燃运运行人员对岗位责任制不清楚，程控员和巡检员工作职责划分不清楚。

（2）不严格执行工作票制度。工作票签发人密码管理不严；工作负责人未向工作组成员交待清楚工作票内容、安全措施、危险点分析及注意事项；扩大工作内容，未完善安全措施；工作负责人未认真履行监护职责。

（3）未认真执行交接班制度。主持燃运运行工作的副班长未采取有效方式向本班各岗位值班员说明当班设备运行情况和注意事项，巡检人员交班时设备状态交接不清楚。

（4）安全管理存在薄弱环节。锅炉检修部安排工作任务时忽视安全工作，部门领导、高级工程师只关注工作的技术方案，忽视了工作中存在的危险因素和必须采取的安全措施，对工作票执行情况不清楚。

（5）部分安全生产管理制度未及时进行修订，不能适应现场实际情况。

(6) 安全教育培训不到位。部分员工安全意识淡薄，安全素质不高，责任心不强，缺乏自我保护意识和互保意识。

(7) 人员技能水平不高。部分燃运运行人员对运行规程不熟悉。当班值长对现场检修情况了解不够仔细、安全措施审查不详实，得知煤斗已开孔，没有主动询问检修人员检修情况，反映出运行人员安全素质不高。

(8) 值长对给煤机检修工作的记录不全，当班燃运程控员的值班记录与实际操作不符，燃运巡检员的记录不全。

四、防范措施

(1) 立即开展为期3个月的安全大检查活动，重点检查安全生产规章制度是否完善、是否及时修订、是否执行到位；检查安全教育和培训是否到位；检查应急预案是否齐全到位；检查是否吸取事故教训，落实反事故措施；检查设备缺陷和事故隐患是否及时消除，做到即查即改，彻底消除事故隐患，对暂时不能整改项目的隐患和问题，制定并落实防范措施，指定专人负责，限期整改、跟踪落实。

(2) 加强安全考核，促进责任制落实。坚持“管生产必须管安全”的原则，严格按照安全生产责任制对安全生产过程进行控制和监督，严格闭环管理，严格执行安全生产奖惩考核和目标考核，促进各级人员安全生产责任制的落实。

(3) 强化现场监督，杜绝违章现象。成立由生产部门中层管理人员、安全监督人员组成的现场安全督察组，每日进行现场巡视检查，重点检查和规范人员行为，检查装置性违章和管理违章，杜绝违章现象和行为。部门安全管理人员对每一张工作票执行程序进行跟踪检查，规范工作票“三种人”（即工作负责人、工作签发人、工作许可人）行为，杜绝工作票执行不到位的情况发生。

(4) 提高安全责任意识，开展全公司安全大讨论活动。各部门组织针对“4·9”人身事故和公司历年发生的典型事故的学习、反思、分析和讨论：①讨论造成事故的原因；②事故暴露的问题；③作为个人和部门采取的预防措施；④事故给员工、家庭、企业带来的危害；⑤如何进一步提高责任意识，每位员工写出心得体会。

（5）强化安全生产教育培训。重新组织运行规程、检修规程、电业工作安全规程及工作票三种人的学习和考试。组织全体员工深入学习《安全生产法》等国家有关安全生产的法律法规、集团公司及本单位安全生产规章制度。各部门根据岗位特点，重点学习安全生产责任制、岗位责任制、重大事故预防措施等制度，定期抽问员工对制度、规程的熟悉程度，达不到要求者不得上岗。

（6）制订和完善危险作业及特殊作业的安全技术措施和组织措施，举一反三地对进入原煤斗等受限空间的作业进行充分的危险点分析，采取可靠的安全措施。

（7）完善各类检修、运行操作的危险源辨识和预防控制措施，形成危险点预防控制及安全作业手册。从岗位、班组到部门层层确定各项工作危险点，采用科学的评价方法，评定危险级别并制订切实可行的防范措施。

（8）完善管理制度，理清管理流程。立即进行公司和部门管理制度、管理流程调查，找出制度漏洞和与实际不符之处，重新修订、增补公司和各部门管理制度，重点修订公司安全工作奖惩管理规定和三违考核细则，制订密码管理规定，清理管理信息系统（MIS）工作票管理、操作票管理等各类权限。

（9）加强设备整治，提高设备健康水平。组织全面普查设备状况，评定设备等级，强化现场缺陷管理，对长期存在的隐患和缺陷进行综合评定，制定防范措施。投入资金通过技术改造等手段重点对重大隐患进行治理，提高设备健康水平。

（10）增强责任意识，促进安全生产工作。落实安全生产人人有责、级级有责的核心要求，制定实施细则，落实专项资金，在公司范围内实施安全保证金制度。

（11）重视班组建设，规范班组管理。每半年组织一次班组长培训，对所有班组每月进行检查指导，规范班组各类台账，做出班组管理水平的评估。加强部门、班组安全活动的指导，公司领导、生产职能部门领导每月至少参加一次下级部门的安全活动，生产管理人员定人定时参加班组安全活动。

（12）强化三查互保意识。组织一次“三查”（即查安全思想、查安全措施、查安全工器具）互保宣讲活动，让员工深刻认识工作中三查互保的作用，提高“四不伤害”（即不伤害自己、不伤害他人、不被他人伤害，保护他人不被伤害）意识、互保意识，规范互保行为。成立“三查互保”检查组，每日深入现场检查三查互保工作，提出整改意见和考核。

（13）推动企业安全文化建设。通过宣传手段，传播安全理念，开展安全知识和技能教育、安全文化教育，建立保护职工身心安全的安全文化氛围，提高员工的安全价值观、安全审美观、安全心理素质。

案例二　积粉清理不及时造成皮带烧断事故

一、事故经过

2008 年 1 月 4 日白班，某电厂燃料运行因 B 滚轴筛检修，上煤系统无备用，燃运四班执行单路上煤运行工作。9 时 31 分，启动 A 路上煤设备加仓，期间 4A 皮带运行人员未发现设备有异常，12 时 16 分，煤仓加至高位，将皮带上的余煤走空后停运设备。12 时 45 分，程控值班人员叶××通过对讲机向班长报告：发现 4 号栈桥头部平坡段及碎煤机室转运站四楼窗户有浓烟冒出。班长立即组织人员到火灾现场进行扑救，使用冲洗水扑灭明火并不断向拉紧小室冲水，防止火势向 4B 皮带蔓延，同时拨打 119 火警电话、切断有关电源、联系开启消防泵并向有关领导报告，启动公司输煤系统火灾处理预案。12 时 50 分，厂消防队到现场进行扑救，14 时 5 分彻底扑灭火情。损失情况：皮带烧毁 50m，托辊烧坏 3 个，支架烧坏 1 个。

二、原因分析

初步分析：由于现场堆积煤粉的燃烧，引燃皮带，最终造成4A皮带燃烧断裂。

三、暴露出的问题

（1）皮带支架上积粉未冲洗干净。

（2）燃料运行人员在巡检过程中未认真巡查，未能及时发现损坏托辊。

（3）巡检人员在皮带停运时没有进行巡回检查。

（4）燃运监盘人员未能及时发现4号A皮带燃烧。

（5）燃料机修班未能做好设备点检工作。

四、防范措施

（1）加强设备卫生管理工作，皮带机支架上有积粉时应及时冲洗干净。

（2）加强设备运行中、停运后的巡检工作，认真按照设备巡回检查制度进行巡检，及时发现设备缺陷；监盘人员应经常注意监控摄像画面，及时发现异常情况。

（3）建立起安全有序的组织生产约束机制和激励机制，加大管理和考核力度。

（4）检修班组严格按照公司《设备缺陷管理制度》做好设备消缺。

案例三 保护装置不全造成皮带头部着火事故

一、事故经过

2007年10月8日6时许，某电厂燃料运行部煤仓煤位低于4m，开始进行二次送煤。7时5分程控有ZD81堵煤信号出现，引起A路系统联跳，经检查是假信号（A碎煤机和A摆动筛检查门打开时是空的），复位后重新启动正常。7时20分，在切换工业电视屏幕时，从工业电视9号皮带头部视频发现有烟雾，立即停止9号A、B皮带和其他输煤设备运行，检查发现9号皮带浓烟很大，立即报厂火警。

7 时 40 分报值长，7 时 50 分，值长告知 9 号 A、B 皮带机电源已切断。

9 时恢复 9 号 B 皮带机运行。

二、原因分析

（1）由于受台风“罗莎”影响，连日来雨量较大造成原煤较湿，落煤管堵塞。

（2）落煤管堵煤装置没报警，皮带防撕裂保护、打滑保护装置未安装，导致落煤与滚筒和皮带打滑引起冒烟着火事故。

（3）电视监控画面清晰度不高、摄像头安装位置不佳、现场照明严重不足，不利运行人员监视。

三、暴露出的问题

（1）堵煤检测装置不可靠，经常误报，在堵煤时拒动作，没有起到堵煤保护作用。

（2）皮带机主要保护：防撕裂保护、打滑保护装置未能投入使用。

（3）输煤程控画面不能显示皮带电动机电流，运行人员无法正确判断设备异常点。

（4）现场消防报警装置未能正常使用（发生时没有任何报警信号）。

（5）运行人员经验不足，发现火警时虽能立即停止皮带运行，但未及时联系值长断电。

（6）发生火情时人员无防毒护具，无法接近故障点灭火。

四、防范措施

（1）加强现场巡查力度；程控盘操作应不定期对运行设备监控画面进行定期巡视。

（2）落煤管根据实际开设人孔门以利运行人员发现堵煤及时清理。

（3）堵煤装置改造，选择可靠的形式、型号。

（4）程控画面应有电流显示及过电流报警信号。

(5) 皮带防撕裂保护、打滑装置保护应尽快安装并投入使用。

(6) 电视监控画面建议更改为4个画面（界面要大些以利于程控盘操重点部位巡视）；重新调校摄像头安装位置以利于运行人员监视。

(7) 输煤系统消防灭火系统尽快调试投入使用。

(8) 配备2个正压呼吸器及一些防毒护具。

(9) 输煤系统粉尘大，存在较大火险隐患，应从设备整治入手从根本上解决问题。

案例四 管理意识淡薄造成皮带机重载停机事故

一、事故经过

2006年10月26日，输煤运行二班前夜班，22时55分启动0号甲皮带机，启动前可控制启动传输系统（CST）屏幕显示油温23～25℃，油位满管，启动后油位正常，油冷却风扇、油泵均运行正常。23时21分0号甲皮带机重载停机，煤量不大，皮带转速减慢，电动机未停，2号CST跳，3min后润滑油温为85℃，电动机停运。就地值班员检查发现2号CST本体中部烫手，冷却油泵、冷却风扇均在转，润滑油压接近0.24MPa（35psi），2号CST屏幕显示温度83℃，3号CST屏幕显示温度79℃。

二、原因分析

2006年10月27日，安全生产监察科（简称安监科）组织相关人员进行0号甲皮带机事故调查，发现3号CST就地系统油压只有0.7MPa，CST说明书规定正常值应为1.7～2.0MPa。经调整系统供油正常后，0号甲皮带机运行正常。从分析情况看，自8月以来29起209皮带机返回点故障跳机真正原因为0号甲皮带机系统油压低所致。

三、暴露出的问题

(1) 燃料除灰部（简称燃除部）输煤专业在近3个月以来

209 皮带机系统先后 29 次跳机，频繁时 50h 内连续 5 次跳机，没有引起高度重视。事故分析只是重视表面特征，没有深入地开展事故分析，只是一味怀疑程控系统，没有认真查找自身原因，致使问题迟迟不能得到解决，皮带系统频繁重载跳机。

（2）各单位只熟悉本专业知识，对相关专业系统知识了解匮乏，在事故分析时不能进行全面、系统地分析，导致事故分析能力低下，事故真正原因暴露不出来。

（3）燃料除灰部输煤专业各级管理人员管理意识淡薄，自身业务水平亟待加强。

（4）检修人员在更换 CST 系统油压表后，没有进行详细交代，运行人员实际验收工作没有认真进行。燃料除灰部输煤专业运行、检修相关管理人员责任落实不到位，交代、验收制度不完善，执行监督不到位。

（5）发生设备异常停运后，当班值班人员没有及时组织相关人员进行认真检查、处理，值班员对就地设备异常现象及多项重要参数没有详细检查，致使事故分析、判断缺少第一手资料，错过了判断、处理事故的最佳时机。没有认真落实“四不放过”（即事故原因不查清不放过、责任人员未处理不放过、整改措施未落实不放过、有关人员未受到教育不放过）的事故调查原则，在交接班时没有将设备的重要缺陷及异常情况交代清楚，没有认真执行“两票三制”（两票：工作票、操作票；三制：交接班制、巡回检查制、设备定期试验轮换制），交接班制度执行随意，流于形式。

（6）运行人员对设备额定运行参数、报警值不清楚，致使设备在非额定参数状态下运行，到报警值时未能及时停运设备，直到保护动作设备停运。此种情况极易造成设备损坏事故。

（7）运行人员对设备主从关系不清楚，致使主设备（2 号 CST）运行不正常，导致从设备（3 号 CST）运行不正常，而运行人员只是从表面现象判断故障设备为 3 号 CST，为进一步判断、分析事故原因提供了错误的信息。

(8) 检修人员在设备异动后没有进行详细交代，致使运行人员在观察表计时对psi与MPa单位换算不清晰，不能正确判断设备运行工况。

(9) 运行、检修人员对设备巡检没有详细标准，没有明确规定，巡检工作流于形式。

(10) 燃料除灰部输煤专业运行岗位巡检人员没有配备必要的测试、监听工具，现场巡检工作流于形式，不能从根本上保证巡检的质量和作用。

四、防范措施

(1) 燃料除灰部输煤专业要落实各级人员相关责任，加强专业技术管理和培训工作。对长期存在的设备隐患，加大技术攻关力度，采取有效的处理和防范措施，杜绝类似事件的重复发生。

(2) 燃料除灰部输煤专业要依据输煤系统运行规程，对日常设备的维护参数制定明确的规范。

(3) 燃料除灰部输煤专业各级人员要进一步提高专业技术水平和安全生产的责任意识，努力提高职工业务素质，增强事故判断、事故预防和事故处理能力。

(4) 检修人员对现场设备的异动、变更等要进行详细的交代。

(5) 燃料除灰部输煤专业各级管理人员加强专业学习，提高业务能力。

(6) 燃料除灰部输煤专业各相关运行岗位配备巡检所需的测试、监听工具。

案例五 运行人员违章调整皮带造成身体意外致残事故

一、事故经过

2005年11月16日，某电厂一名燃料运行值班员张×（年龄25岁，已在燃料运行工作4年），在皮带机运行中，由于皮带

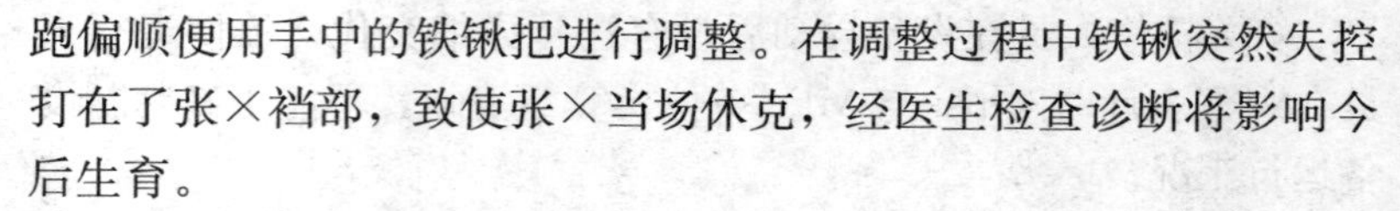

跑偏顺便用手中的铁锹把进行调整。在调整过程中铁锹突然失控打在了张×裆部，致使张×当场休克，经医生检查诊断将影响今后生育。

二、原因分析

工作中严重违章用铁锹把调整皮带。

三、暴露出的问题

（1）作业危害分析不全面，没有意识到铁锹把调整跑偏可能造成的危害。

（2）工作人员安全意识不强，缺乏自我保护能力。

（3）电厂安全教育存在缺失，员工不能严格执行《电业安全工作规程》。

四、防范措施

（1）严格执行《电业安全工作规程》和各项规章制度。

（2）不能用木棍、铁锹把等调整皮带，应用调偏托辊进行调偏，严重时通知检修人员处理调整。

案例六 出现故障不重视导致皮带纵向撕裂事故

一、事故经过

2011年4月30日凌晨，某发电厂燃料运行二班夜班，班长牟××。接班时因4号线还有待卸重车32节（印尼煤），接班后运行人员检查卸煤系统无异常，于1时8分启动设备运行，运行流程为1号乙皮带—2号甲皮带—3号甲皮带—1号斗轮机。经牟××安排，程控副值秦×负责程控监盘，巡检值班员马×和黎××负责1号乙皮带、2号甲皮带、3号甲皮带的巡检工作，马×主要负责1号乙皮带，黎××主要负责3号甲皮带，2号甲皮带由马×和黎××共同巡检。2时40分，4号线重车卸空。2时48分，秦×突然发现2号甲皮带电流有升高的趋势，立刻通知黎××去检查。2时50分，秦×发现2号甲皮带电流继续升高，便立即停止了2号甲皮带运行并汇报班长牟××。牟××随即从程控室赶到现场，在途中他电话通知马×去2号甲皮带尾部检查。牟××在2号甲皮带驱动装置处检查发现皮带存在撕裂现象，此时黎××从3号甲皮带除铁器处过来会同牟××一起到2号甲皮带头部，检查发现上半段皮带已经纵向撕裂。牟××继续向尾部进行检查，在皮带机中部与马×相遇，马×向牟××汇报说尾部的胶带已全部撕裂。牟××和马×经过仔细检查，发现2号甲皮带尾部缓冲床（1号乙皮带至2号甲皮带）最底部的两条缓冲条和固定缓冲条的槽钢均脱落，被带出50余米后卡在2号甲皮带中下部区域（第二个压带轮前10m处），槽钢头部从皮带中间穿透并将整条皮带纵向撕裂（230m），随即将此情况汇报值长和相关人员。

二、原因分析

（1）1号乙皮带至2号甲皮带的缓冲床槽钢在运行中脱落，是导致2号甲皮带整条皮带纵向撕裂的直接原因。造成缓冲床槽钢脱落的原因如下：

1）燃料运行部、××电建公司对缓冲床已暴露的问题重视程度不够。经检查发现，2011年输煤系统缓冲床已出现4次缺陷，分别是：3月17日2号乙皮带缓冲床支架脱焊；3月18日2号甲皮带缓冲床支架脱焊；3月18日5号甲皮带缓冲床支架整体脱焊下沉；3月31日5号乙皮带缓冲床支架脱焊。这4次缓冲床脱焊后，燃料运行部、××电建公司仅对缓冲床的整体支架进行了加固，未对其可能产生的严重后果进行分析，存在麻痹大意思想。

2）燃料运行部、××电建公司对缓冲床的预防性维护工作开展不到位。缓冲床三番五次出现故障，燃料运行部、××电建公司对事态的严重性视而不见，每次都是“头痛医头，脚痛医脚”，未深入对固定缓冲条的槽钢开展预防性检查，预防性维护工作严重不到位。

（2）运行人员巡检不到位和异常处理不当是导致本次事件的次要原因。

2号甲皮带缓冲床槽钢脱落，非极短时间内就完成，应有一个较长的过程，但在2号甲皮带运行的109min内，马×和黎××在巡检过程中，均没有对2号甲皮带缓冲床进行仔细检查，导致未及时发现缓冲床缓冲条脱焊隐患，巡检工作存在失职。

2时48分，秦×发现2号甲皮带电流出现了异常升高，他本应立即停止设备运行，这样至少可减少2号甲皮带撕裂的长度，但实际上他没有这样做，而是先通知巡检员到就地检查，2min后才停止设备运行，造成2号甲皮带被整条撕裂。

经检查火电厂监控信息系统（SIS）记录发现，2号甲皮带从空载电流93A迅速飙升至201A，然后在187A左右上下波动，持续时间106s。按皮带运行速度2.5m/s计算，这段时间和2号甲皮带总长基本吻合，正是皮带被撕裂的时间。

三、暴露出的问题

（1）运行人员安全意识淡薄，安全技能水平低下，责任心差，设备巡视过程中麻痹大意，未做好事故预想，班组管理混乱，劳动纪律有待加强。

（2）设备管理不善，缺陷管理混乱，缺陷处理不及时，频繁缺陷未给予充分重视，未及时进行系统排查。

（3）安全管理缺乏针对性，安全管理制度及现场安全措施不够完善，各项安全措施未得到有效落实。

四、防范措施

（1）要求燃料运行部安排专人负责燃料系统机务设备的日常点检管理，做好每天的日常设备巡视检查、缺陷登记与预防性维护计划编制、检修过程监管以及质量验收工作。

（2）要求××电建公司每天安排专人配合燃料运行部对设备进行巡视检查，并详细罗列检查出的问题，同时安排人员及时进行整改和处理。

（3）要求燃料运行部加强对运行人员的技能培训和责任心教育，重点做好以下几方面工作：

1）归纳近年来输煤系统发生的各种异常，对异常发生原因进行深入总结，举一反三，挖掘潜在的不安全因素。

2）对所有运行人员进行培训，总结各种工况下的参数变化情况及历次事故教训，提升运行人员对各类异常事件的应急处理能力。

3）制定运行巡检到位和质量管控措施，落实巡检员责任。在运行过程中，每段运行皮带应设专人进行巡检，强化巡检员的责任，切实提高巡检质量。

4）要求生产技术部牵头组织燃料部和××电建公司对燃料系统进行一次详细、认真的检查和隐患排查，针对查出来的问题制定切实可行、有效的预防整改措施，并限期完成。

（5）针对燃料机务外委工作，要求燃料运行部加强监管，并认真履行管理职责；要求生产技术部加强对外委单位的监督考核。

案例七 运行人员违章触摸设备造成袖口被卷致残事故

一、事故经过

2004年11月27日，某电厂一名燃料运行值班员孙××，冬天由于寒冷穿着长袖的棉衣服，皮带机运行时发现头部增面滚筒有异音，就用左手去触摸轴承座，在触摸的一瞬间袖口被滚筒带进了皮带里面，孙××同时用右手拉断了拉线开关。集控值班员在皮带机停止以后与现场孙××失去联系，运行班长迅速赶到现场发现孙××整个左胳膊被滚筒缠住，人卡在了滚筒处，脸色苍白、目光呆滞，被紧急送往医院抢救，左胳膊截肢，造成终生残疾。

二、原因分析

工作中严重违章穿长袖衣服被转动设备缠住。

三、暴露出的问题

（1）电厂防习惯性违章工作不到位，《电业安全工作规程》和规章制度执行不彻底。

（2）工作人员安全意识不强，经常用手触摸运行中的设备。

（3）班组长未履行自身安全职责，未对工作人员的穿戴进行检查纠正，就让其进入生产现场。

四、防范措施

（1）严格执行《电业安全工作规程》和各项规章制度。

（2）加强现场安全监督检查，发现违章违纪现象及时纠正处理。

（3）进入生产现场必须穿符合要求的工作服，衣扣和袖口必须扣好。

案例八 运行人员掉以轻心下楼梯不慎摔断尾骨

一、事故经过

2005 年 1 月 4 日，某电厂燃料运行部一名燃料运行值班员刘×，皮带机运行时去 1 号皮带机巡检设备，从翻车机下到 1 号皮带机的过程中，脚下一滑从楼梯上滚落下来，垂直高度为 12m，经诊断摔断了尾骨。

二、原因分析

运行人员安全意识淡薄，下楼梯的过程中没有采取相应的安全措施，脚下一滑从楼梯上滚落下来，摔断尾骨。

三、暴露出的问题

（1）作业危害分析不全面，未认识到上下楼梯时存在的危险，没有提高警惕性。

（2）电厂安全教育工作存在不足，工作人员安全意识不强，自我保护能力薄弱。

（3）电厂现场管理存在漏洞，生产现场安全标示不完善，未在楼梯处悬挂警示牌。

四、防范措施

（1）加强安全教育培训，强化安全意识，提高自我保护能力。

（2）进入生产现场上下楼梯必须扶好扶手，不准穿拖鞋。

案例九　长期积煤、积粉未清理造成自燃烧毁设备事故

一、事故经过

2011年4月7日6时35分左右，某电厂一、二期输煤系统上煤结束，停运7号皮带。7时27分左右，网控乙值操作员在网控发现7号皮带廊道有浓烟冒出，迅速报告丁值值长，值长立即电话报警，消防人员来后进行扑救，造成7号皮带廊道部分烧塌，皮带全部烧损。

二、原因分析

（1）堆积煤尘自燃是导致7号皮带着火燃烧的首发直接原因。

（2）亚克力防尘罩着火是造成火势迅速蔓延扩大的重要原因。

（3）钢结构框架受热、机械强度降低是造成7号皮带廊道部分坍塌的原因。

三、暴露出的问题

（1）运行管理存在极大漏洞，运行人员责任心严重不足，劳动纪律涣散，没有严格落实设备巡回检查制度。

（2）电厂事故预想和危险源分析工作落实不到位，未能提高工作人员对危险点的认识，导致员工对危险源麻痹大意。

（3）电厂现场管理不善，燃料系统消防设施不能有效运行，现场严重积煤积粉长期未清理。

四、防范措施

（1）应将燃料皮带系统列为重点部位并加强管理。

（2）加强消防设备、设施、系统的管理。

（3）输煤皮带系统应全部取消亚克力防尘罩。

（4）提高对积煤、积粉自燃危险性的认识，制定、完善落实防止积煤、积粉自燃的措施，对皮带加强检查和监视。

(5) 尽快组织实施输煤系统的消防设施改造工作，加强火灾应急管理。

案例十 安全措施执行不严造成人员跨步触电身亡事故

一、事故经过

2006 年 8 月 28 日 8 时 35 分左右，某电厂发电部输煤专业综合班员工代××、洪××、杨××、蔡××接受班长指派，从含煤废水处理间将临时潜水泵搬运到翻车机集水井内。8 时 45 分左右联系发电部电工接好临时潜水泵电源，启动潜水泵，开始向 3 号输煤皮带下面的 1 号转运站集水井排水。污水从翻车机室集水井经 1 号输煤廊道流向 1 号转运站集水井。

4 人开始检查排水情况，杨××到 3 号皮带下面检查 1 号转运站集水井排水泵是否正常工作，代××、洪××、蔡××3 人涉水沿输煤廊道进行检查。9 时 3 分左右，当行至 1 号转运站平台时，走在最前面的洪××手扶栏杆走至距 1 号输煤皮带约 1.6m 处，突然喊叫一声后向侧后方倒地，后面的蔡××（相距约 1.5m）发现洪××倒地抽搐。9 时 6 分左右救援人员赶到现场，立即进行抢救，并用车将洪××送到附近卫生院进行抢救，9 时 35 分，经医生诊断抢救无效死亡。

二、原因分析

根据调查和分析，该事故直接起因为：该厂输煤平台、廊道施工没有按照设计要求设置挡水沿和地漏，致使冲洗水四处蔓延、溢流，水浸电缆管，造成地下埋设的照明线路 220V 电源相线与钢套管短路（线路钢套管未可靠接地），沿人体产生电势差，触电电流通过人体，发生触电倒地。同时倒地后，由于跨步电压造成身体多处灼伤。

三、暴露出的问题

(1) 电厂施工管理存在漏洞，对生产现场不按设计要求施工没有及时采取整改措施，导致出现线路浸水短路伤人。

（2）现场管理混乱，安全工作落实不到位，埋设的线路钢套管未可靠接地，没有及时发现并整改。

（3）作业危害分析不全面，没有意识到地面积水可能造成的危害。

（4）工作人员安全意识不强，缺乏应对突发事件的能力，没有及时采取施救措施。

四、防范措施

（1）严格执行安全工作规程和各项规章制度。

（2）认真分析总结经验教训，举一反三，切实做好安全工作。

（3）认真抓好安全教育，对新到岗和变换岗位工作的临时工，要有针对性的安全培训，提高安全意识，增强自我保护能力。

案例十一　违规捅煤造成人身伤害事故

一、事故经过

2004年6月28日9时30分，某发电公司燃料专业卸煤码头上正在卸煤。燃料车间副主任陆×观察到移动输送皮带的改向滚筒上粘煤较多，影响了输煤的速度，便踏上梯子，把一根扁铁伸向滚筒下面，想把粘在滚筒上的煤粒捅掉。刹那间，扁铁被皮带卷入，陆×右手随即被皮带绞住，陆×使劲往外拽，人从梯子上摔下来，造成右手小臂骨断裂，右肩胛前皮肉撕开。经治疗，陆×右手留下后遗症。

二、原因分析

陆×未停输送皮带即对皮带清理粘煤，严重违反了《电业安全工作规程》（热力和机械部分）中“禁止人工清理在运行中皮带滚筒上的粘煤，或对设备进行其他清理工作”的规定，属违章作业。

三、暴露出的问题

（1）电厂安全教育存在不足，未有效加强员工的安全意识没有提高员工遵守各项规章制度的自觉性。

（2）电厂反习惯性违章工作没有落实到位，车间副主任在设备运行中违反《电业安全工作规程》的规定清理滚筒积煤。

（3）该车间副主任安全意识淡薄，技能水平较差，作为管理人员，对该行为可能出现的危险没有进行事故预想，未做好安全防范措施。

四、防范措施

（1）加强员工的安全意识教育，严格执行各种规章制度。

（2）加强安全管理工作，劳动纪律应常抓不懈，发现违章违纪者坚决纠正。

（3）要遵守《电业安全工作规程》的规定，严禁在停止的设备或运行中设备上进行清理工作，清理滚筒上的粘煤时，应做好安全措施，并要切断电源、挂上警告牌等。

案例十二 违规擅自工作造成人身伤害事故

一、事故经过

2004年7月20日8时5分，某电厂燃料检修班钱×刚接班例行巡视时，发现停运中的移动皮带上部一只立式挡辊过紧，需要调整。钱×没有与运行班联系就动手松动螺栓，而恰在此时，运行班值班员李×正启动移动皮带卸煤，李×既未仔细观察也未发出预警即按下了移动皮带的启动按钮，输送皮带将正在拆螺栓的钱×从5m高处带下，摔在2m高的煤堆上，造成钱×右手骨骨折、左腿神经韧带拉伤。

二、原因分析

（1）钱×没有开工作票即进行检修工作，违反了《电业安全工作规程》中“在运煤皮带上进行检修工作须使用工作票”和“在许可工作前须将电源切断并挂警告牌”的规定。

（2）李×在启动运煤皮带前未进行预警，违反了《电业安全工作规程》中启动皮带应预警告电铃的规定。

三、暴露出的问题

（1）电厂反习惯性违章行动开展不力，工作人员违章行为突出，无票工作、未预警启动已经成为工作人员的习惯。

（2）工作人员安全意识淡薄，安全技能薄弱，反习惯性违章能力不足，不落实“两票三制”的相关规定，未经许可擅自工作。

（3）电厂安全管理混乱，员工长期违章违规操作都无人发现，也无人制止，视安全如儿戏。

四、防范措施

（1）习惯性违章作业已成当前安全生产中的大敌，习惯性违章作业所以屡禁不止，是领导和员工的安全意识淡薄，法制观念不强，所以要求各级领导应自觉增强安全意识和法制观念，强化安全生产措施，发动群众同各种习惯性违章行为做斗争。

（2）严格执行工作票制度，工作前必须切断有关设备的电源，并挂“有人工作，禁止合闸”的警告牌。

（3）运行人员启动设备前，必须发出启动设备警告信号，1min 后方可启动设备。

案例十三　积粉未及时清理造成皮带着火事故

一、事故经过

2008 年 12 月 22 日中班，某电厂输煤运行四班当值，接班时，天气干燥，风速较大，煤场粉尘较多，煤场自燃现象较多；联系化学人员启动煤场喷淋装置，因水泵检修需排空化学废水池，故无法启动水泵运行，煤场喷淋装置无法投入运行。

18 时 50 分，输煤四班主值钟××接值长令，按 1∶3 比例取 2 区优混煤配 3 区印尼煤上煤，下令巡检人员对皮带系统进行检查，18 时 55 分启动 B 皮带系统上煤，20 时 50 分上煤结束，巡检人员对皮带系统进行全面检查，20 时 55 分停止 B 皮带上煤系统运行。

因天气变化，煤场煤炭自燃情况加重，21时左右组织本班所有输煤运行巡检人员处理煤场自燃。

21时41分（输煤程控上位机时间显示比实际时间慢4min左右），接集控胡××电话，告知6号皮带着火，立即组织巡检人员对6号皮带进行检查，联系断开5号B皮带、6号B皮带有关电源，并组织人员进行灭火，同时由主控人员报火警，汇报××公司经理杨××、安全专工黄××及输煤运行主管欧××（21时50分左右，消防人员到现场投入救火），同时，由值长汇报公司相关领导。

22时19分左右，火势基本控制，由消防人员进入现场进一步消除火源。

23时左右，组织人员清理现场，并对A皮带系统进行全面检查，做好启动准备。23时30分左右，经检查绝缘合格后，接令启动5号A皮带、6号A皮带进行空载试转，并进行全面检查，均正常；23时54分，接令启动A皮带系统运行，取1区优混煤加仓；系统运行正常，加强运行巡回检查。

二、原因分析

（1）5号B皮带伸缩头部有大量积煤，积煤发生自燃，引起皮带燃烧，火势迅速增大，5号B皮带伸缩头部、电缆桥架等处留有煤粉，使火势扩大，造成皮带烧断。

（2）由于天气干燥，煤炭相对干燥，容易造成自燃，煤炭从煤场里取出时，输送过程中遇风增大自燃的可能性，且皮带上留有积煤，当皮带停止时刚好将煤炭留在伸缩头漏煤孔处（不易察觉），积煤遇风加速自燃，引起皮带燃烧。

三、暴露出的问题

（1）安全生产形势严峻，安全隐患层出不穷，安全管理流于形式，“安全第一”仅限于口号，安全大检查走过场，现场积煤积粉长期无人重视，存在大量卫生死角无人过问，管理人员严重失职。

（2）安全措施执行不到位，各种应急预案、保障措施停留在

纸上谈兵阶段，煤场的管理存在严重缺失，运行人员习惯性违章行为严重，不严格按标准落实规章制度的相关要求，工作中偷工减料，责任心极差。

（3）培训走过场，安全技能水平没有得到提高，部分人员不会正确使用消防器材，应急能力低下，经验严重不足，说明消防演练、培训效率低下，实效性差。

四、防范措施

（1）列出输煤系统卫生死角，要求保洁人员每天必须对卫生死角进行清扫，确保无卫生死角，无积煤积粉现象。

（2）燃料运行应加强对煤场的整场和喷淋降温，对计划加仓煤堆进行彻底处理，通过喷淋、翻堆、碾压达到有效的冷却降温，确保上煤安全。

（3）自燃的煤必须得到有效的处理后方可用于加仓，自燃煤有效处理的标准为：取到系统皮带机上的煤没有明显的烟气，只有水蒸气，温度小于55℃，更不得有明火、蓝烟或黄烟。

（4）加强对巡检人员的巡检质量监督，提高巡检人员的工作责任心。

（5）要求巡检人员巡检过程中必须使用巡检工具，对重要部位进行测温。

（6）进行输煤系统着火消防演练，输煤系统工作人员发现火警时正确使用消防器材，将火灾隐患消灭在萌芽状态。

（7）严格执行《燃烧印尼煤条件下输煤系统单皮带运行的保障措施》。

案例十四　巡检不到位造成主驱动滚筒轴承烧坏事故

一、事故经过

2007年1月19日4时15分，某电厂输煤运行巡检人员王××发现C12皮带主驱动滚筒轴承（减速机侧）冒烟，立即用对讲机汇报输煤程控人员，程控人员立即停止C12皮带运行，并汇报值长，4 时 16 分通知电控、机务人员到现场查看，判断设备无法继续运行后，汇报有关领导。

二、原因分析

轴承损坏的直接原因是该轴承座内进煤粉，轴承座密封存在设计问题导致轴承座进煤粉，主要体现轴承座靠滚筒侧没有设计迷宫密封，只有单道密封圈密封，且密封圈与镶嵌密封圈的沟槽配合不紧密，有明显缝隙（3mm），使该轴承座无法适应燃料系统恶劣的工作环境，煤粉进入轴承座后损坏轴承。该处落煤管发生过堵煤，该轴承座一度积煤，从而造成煤粉通过密封圈与沟槽间隙进入轴承座。燃料运行人员巡回检查不及时，清理现场积煤也不及时。

三、暴露出的问题

（1）巡检人员巡检不到位（轴承位置高，没有爬梯）。

（2）驱动滚筒设计有很多问题：轴承没有轴向定位结构，这给检修工作带来很大困难；没有设计可拆法兰式轴承端盖，轴承加油换油非常困难，不利设备维护；轴承座密封结构不合理，不能杜绝煤粉进入。

四、防范措施

（1）设备部和燃料分场都要切实执行设备巡回检查制度，加强巡检，及时发现问题，及时加油，以确保设备安全稳定运行。

（2）燃料运行要及时清理轴承座周围积煤，以免煤粉进入轴承座。

（3）物资部联系厂家改进驱动滚筒轴承总成设计，提高密封功能，使轴承不失油、不进粉，能够长期安全运行，更便于检修维护工作。

案例十五　检修现场留火种造成火灾烧毁皮带事故

一、事故经过

2006 年 1 月 13 日，某电厂燃料输煤系统维护队进行 3 号导

料槽消缺整改，16 时工作全部结束，经工作人员现场检查，没有火种，终结工作票。1 月 14 日凌晨 2 时 5 分，燃料运行班发现 3 号输煤栈桥内着火，立即报火警，3 号皮带已经全部烧毁。

二、原因分析

消缺时，没有按照措施要求将遗留在皮带上的积煤中的焊渣进行清理，经过长时间阴燃，形成明火，从皮带尾部向上蔓燃，终成大火。

三、暴露出的问题

(1) 工作人员技能水平不高，责任心不强，现场工作安全措施不到位，工作结束检查不认真。

(2) 现场管理存在漏洞，设备长期积煤积粉严重，无人清理。

(3) 运行人员现场巡视力度不够，安全意识不强，对动火作业危险性认识不足，现场验收走过场，未尽到自身安全职责。

四、防范措施

(1) 严格执行《电业安全工作规程》，检修工作结束后要彻底清理工作现场，运行人员要进行验收。

(2) 要严格履行安全责任，动火工作结束，要用水彻底清洗，运行人员要到场检查监督。

(3) 加强安全学习，提高安全意识，严肃工作作风。

(4) 运行人员要及时清理现场的积煤、积粉。

案例十六　值班人员违章离岗造成燃煤烧毁皮带事故

一、事情经过

2003 年 11 月 22 日，某电厂发生 5 段输煤皮带着火事故。该电厂燃用褐煤，挥发分较高，煤垛的煤发生自燃，致使在上煤过程中，煤中夹有火炭及火星，将积粉引燃，导致 5 段输煤皮带着火。值班人员又离岗吃饭，没有及时发现着火，使火势蔓延扩大。

二、原因分析

(1) 运行人员安全意识淡薄。

(2) 运行人员脱岗，管理上存在漏洞。

三、暴露出的问题

(1) 电厂在安全管理上有措施，无落实，安全教育重成绩轻实践，把“安全第一、预防为主”变成永不落实的空口号。

(2) 电厂现场管理存在极大漏洞，消防系统成为摆设，输煤系统成为危险源，设备故障不排除，皮带积煤、积粉不清理，发现安全隐患不处理。

(3) 电厂管理层忽视现场防火的重要性，设备安装不合理，易燃系统未采用特殊设备。

四、防范措施

(1) 输煤皮带应定期进行轮换、试验，及时清除输煤皮带上下的积煤和积粉，保证输煤系统无积煤和积粉。

(2) 燃用易自燃煤种的电厂应采用阻燃输煤皮带。运行人员要按规定对运行和停用的输煤皮带进行全面巡视检查。当发现输煤皮带上有带火种的煤时，应立即停止上煤，查明原因，及时消除，并切换输煤系统。

(3) 输煤皮带停用时，要将皮带上的煤走完以后再停，确保皮带不存煤。

案例十七 工作人员安全意识差，乱扔焊条烧毁皮带设备

一、事故经过

2004 年 4 月 8 日，某电厂发生输煤皮带着火事故，烧毁甲、乙路皮带 380m，380V 电动机一台，控制电缆 280m 等。

二、原因分析

碎煤机消除煤筒漏煤，9 时 20 分，郑××等 4 人进行焊补煤筒，开工前窦××先向煤槽内浇了水，结束时郑××打扫卫生将电焊条头扔进了煤筒内，之后金××又向煤筒内浇了 2min 的

水，10 时左右撤离现场，12 时 48 分厂警发现着火。

三、暴露出的问题

(1) 工作人员责任心不强，安全意识淡薄，对现场危险源认识不足，没有做好事故预想，未落实相应的安全措施。

(2) 电厂反习惯性违章工作没有取得实效，工作人员习惯性违反《电业安全工作规程》，将电焊条头扔进落煤筒。

(3) 运行人员未尽到自身安全职责，现场监督不到位，工作完成后没有对现场进行全面检查。

四、防范措施

(1) 严格执行《电业安全工作规程》，检修工作结束后要彻底清理工作现场，运行人员要进行验收。

(2) 要严格履行安全责任，动火工作结束，要用水彻底清洗，运行人员要到场检查监督。

(3) 加强安全学习，提高安全意识，严肃工作作风。

(4) 运行人员要及时清理现场的积煤、积粉。

案例十八　运行人员工作不细致造成皮带撕裂事故

一、事故经过

2009 年 7 月 12 日，某发电厂燃料运行三班接班后，各岗位人员检查设备无异常。11 时左右，班长安排使用 2 号斗轮机取 4 号煤场 70～110m 区域的燃煤至乙路皮带上仓，值班员卢××负责 3 号乙皮带（含 4 号皮带头部）、5 号乙皮带、乙侧筛煤机、乙侧碎煤机的巡检工作。卢××检查设备无异常，输煤程控主值冯××在设备启动前进行了确认后，于 11 时 10 分启动设备运行。12 时 25 分，卢××最后一次从碎煤机、筛煤机、5 号乙皮带巡检到 3 号乙皮带未发现设备异常。12 时 37 分，上仓结束，卢××从 3 号乙皮带返回到 5 号皮带检查落煤管时，发现 5 号乙皮带（距左侧边沿约 320mm）被撕裂，长度约 130m。

二、原因分析

(1) 2009 年 7 月 12 日下午，在燃料运行部和生产技术部共同调查中，发现乙侧碎煤机内的除杂物室内有两根直径 8mm、长度分别为 400、200mm 的钢筋（应为煤中条形混凝土预制块破碎后遗留的钢筋）和部分混凝土石块，其余上煤系统未发现其他可疑异物。同时通过厂级生产过程监视系统的回放功能，查询出在 12 日 12 时以前 5 号乙皮带的电流基本上维持在 90A 左右；在 12 时 4 分 50 秒，5 号乙皮带的电流为 100.3A；在 12 时 6 分 27 秒，5 号乙皮带的电流为 158.7A；此后电流开始呈下降趋势，至 12 时 21 分，电流为 100A。在这期间，皮带秤上显示的煤量为 600～1000t/h。碎煤机内还存在混凝土石块，这说明至少有一块较大的混凝土块刚经过 5 号乙皮带的时间不长，同时其电流有急剧上升的迹象。调查分析情况表明：煤中呈条形且端头有钢筋外露的混凝土预制块从落煤管掉落到 5 号乙皮带，该物体将皮带刺穿并卡住，是导致运行中的 5 号乙皮带被撕裂的直接原因。

（2）输煤系统 5 号乙皮带从 12 时 6 分 27 秒开始，在上煤量基本稳定的情况下，电流从 100.3A 大范围增加至 158.7A，直至 12 时 21 分又恢复至 100A，电流异常持续时间约 15min。在此期间，按照 2.5m/s 的皮带运行速度计算，皮带被撕裂过程也长达 52s，暴露出输煤程控监盘人员：一方面监盘工作不到位，未及时发现这一异常情况，未及时采取有效措施防止事态扩大；另一方面责任心不强，经验不足，对电流异常情况不敏感，事故预想不到位，对异常情况听之任之，缺乏分析问题、解决问题的主动性。

（3）从电流异常时段分析，5 号乙皮带被撕裂发生在 12 时 6 分 27 秒～12 时 21 分期间，负责巡检该皮带的巡检员未发现并及时处置这一问题。在 12 时 26 分对 5 号乙皮带进行巡检过程中，也未发现该皮带被撕裂。虽该巡检员负责 3 号乙皮带（含 4 号皮带头部）、5 号皮带、碎煤机及滚轴筛 4 处设备的巡检工作，但对于运行设备不可能做到实时巡检监控，还是暴露出该巡检员责任心不强，巡检工作严重不到位的问题。

（4）燃料运行部燃料运行三班班长作为该班安全第一责任

人，日常人员管理、安全教育和事故预想等培训工作不到位。

（5）燃料运行部管理不到位，对运行人员的巡检、监视等具体工作培训教育没有引起足够的重视，导致《防止输煤皮带断裂预案》中的第5.2、5.4条和《燃料运行规程》中的第7.4.2、7.4.14条没有得到真正的落实。

三、暴露出的问题

（1）全员、全方位安全管理落实不够，生产系统安全管理制度及现场安全措施不够完善，各项安全措施执行不到位，未有效落实事故预想。

（2）燃料运行部安全培训工作流于形式，运行人员安全技能不足，安全意识淡薄，责任心不强，工作失职。

（3）运行管理工作不细致，对设备运行时存在的问题没有充分认识和采取有效措施，对防范重大事故的措施执行不到位，运行人员处理异常情况的事故预想存在漏洞。

四、防范措施

（1）要求燃料运行部程控监盘人员认真吸取教训，严格履行岗位职责，增强责任意识，提高业务技能，细致、全面地监督各项主要参数，对出现的异常情况，准确判断，及时采取有针对性的措施进行处理，防止事态扩大。

（2）要求燃料运行部巡检人员切实提高工作责任心，做到巡视检查工作细致、全面，不留死角，对异常情况及时发现、及时处置。

（3）要求燃料运行部各级管理人员切实履行起安全职责，增强责任心，高度重视事故预想和反事故演习等预防预控工作，强化监盘和巡检质量，针对安全不良苗头和管理薄弱环节下大力气予以改进，不断提高运行人员的安全意识和责任意识，确保输煤系统运行安全稳定，可靠输卸煤。

（4）要求燃料运行部及时组织开展如下工作：①及时办理立项申请，将输煤程控监视画面增加主要运行参数及保护的声光报警，使输煤程控监盘人员能够及时发现异常情况，生产技术部协调安排；②对输煤系统防皮带撕裂等主要保护装置进行全面检查，建立保护装置的检查试验台账，并严格执行，确保各保护装置动作正常；③联系××电建公司项目部热工专业对5号皮带除铁器上部的摄像头调整方向，使之能够监视5号皮带中部设备运行情况；④对输煤系统各监控摄像头进行定期清理、清洁，保持监控影像清晰明亮；⑤加大翻车机和煤场杂物的清理力度，尽量防止煤中杂物进入皮带损伤设备。

案例十九 某电厂安全措施不到位造成人员一死一伤事故

一、事故经过

2011年1月25日上午10时30分，某电厂燃料设备维护部办理11045号工作票，实施输煤三段A侧落煤口箅子修复工作，临时将A侧落煤口箅子吊出，在A、B两个落煤口之间设置安全警示带（非固定硬质围栏）。

13时左右，发电运行部燃料运行三班班长孙××（男，41岁，23年工龄，大专文化程度）带两名劳务派遣工王××（男，年龄46，初中文化程度）、金××（男，年龄46，初中文化程度），在输煤三段B侧落煤口配合上煤工作。13时20分，王××站在B侧落煤口清煤过程中，越过安全警示带，不慎踏空将要滑落到A侧落煤口时，监护人孙××急忙去拉王××，由于身体惯性，两人同时跌入A侧落煤口内（王××头朝上，孙××头朝下），由于落煤口周边积煤较多，积煤继续下落将两人埋压。现场其他人员立即组织救援，清理积煤，解救被埋人员。13时45分，孙××被救出，并在现场立即急救。13时50分，120救护车赶到现场，将孙××送至医院抢救。15时16分，孙××经抢救无效死亡，医院确定其为窒息死亡。王××被救出后未发现异常。

二、原因分析

（1）工作组成员临时工王××安全意识薄弱，思想麻痹，对

清理积煤前周边设备状态判断不认真，工作不到位，脚下出现闪失，是导致本次事故的直接原因。

（2）工作负责人发电运行部燃料运行三班班长孙××安全意识薄弱，对现场危险点预控能力不足，自我防护能力不强，监护不到位，是导致此次事故扩大的主要原因。

（3）该电厂燃料设备维护部现场作业，对吊走输煤汽车上料口A侧箅子后留下的孔洞未采取有效的防护措施，未加装临时盖板，安全围栏设置不牢固，留下安全隐患，是导致本次事故的重要原因。

三、暴露出的问题

（1）电厂对临时工的安全教育流于形式，安全培训未取得应有效果，临时工安全意识淡薄，安全技能不足，自我保护能力低下。

（2）孙××安全思想松懈，安全监督不力，安全技术措施执行不到位，对现场工作的危险性认识不足，危险点交代不清，安全管理不到位。

（3）检修管理混乱，严重违反规章制度作业，对现场孔洞没有采取安全措施封堵，留下安全隐患未悬挂明显标示牌。

（4）该电厂对职工的安全教育不够，安全管理存在真空地带，未真正落实“安全管理，层层有人负责，并把工作落到实处”的严格要求。

四、防范措施

（1）深入开展安全生产大检查、大讨论，认真查找在思想、管理、设备和人员等方面存在的突出问题和薄弱环节。要对照安全生产各项制度、措施和要求，立即规范、清理外包队伍和委托用工，加强安全教育和培训，查漏补缺，采取有针对性的措施，迅速扭转当前安全生产的被动局面，确保安全生产和职工队伍稳定，切实加强本单位安全生产管理。

（2）完善制度建设并有效予以落实，同时加强隐患排查治理和整改力度，并针对人身防护、应急救援等方面提出具体方案和措施。

(3) 加大安全管理工作力度，努力夯实安全管理基础，不断提高安全保障水平。

(4) 全面贯彻落实安全生产工作的要求，把确保人身安全放在首要位置，强化从业人员的安全教育培训和现场作业安全、技术交底，深化危险点预控，完善作业组织措施和技术措施，严格执行“两票三制”以及《电业安全工作规程》规定，加强现场管理和监督，加大反违章力度，堵塞管理漏洞，消除薄弱环节，切实提高安全生产水平。

(5) 认真组织落实各级安全生产责任，不断查找差距，完善机制，提高水平。

案例二十 运行人员违章作业造成手臂断裂事故

一、事故经过

2011 年 11 月 30 日 18 时 30 分，某发电有限公司燃料运行部一期丙值班长靳××在一期燃料运行集控室监视器发现 1 号 A 皮带头部滚筒转动异常。18 时 35 分，靳××就地检查发现 1 号 A 皮带头部滚筒卷入一根角铁（长约 1.5m，有约 0.5m 露在皮带外面，卷在距滚筒西侧边缘约 0.5m 处），便通知一期燃运集控室值班员黄××停止 1 号 A 皮带运行，1 号 A 皮带停止运行后，靳××用手去取角铁，未取出，便安排经过此处的一期丙值值班员肖××联系黄××点启 1 号 A 皮带。19 时 3 分，黄××点启 1 号 A 皮带，在皮带还没有完全停止时靳××用手取角铁，棉大衣袖子连同右手臂卷入滚筒，造成右手臂断裂。

二、原因分析

(1) 工作人员安全意识薄弱，自我防护能力不强。在作业前未进行风险分析，特别是在皮带点启前及点启后尚未完全停止时，靳××两次试图用手取角铁，均被肖××提醒并制止，但靳××随后未等皮带完全停止又用手取角铁，冒险蛮干、违章作业。

（2）靳××着装不符合《电业安全工作规程》要求，导致棉大衣袖子被随滚筒转动的角铁刮住且来不及挣脱。

（3）运行人员未执行有关工作分工的规定，在自身不具备相应处理能力的情况下，未及时联系维护人员处理该缺陷，而自行处理。

（4）设备维护不到位，调查发现，1号A皮带尾部带式给煤机下方导料槽固定挡煤皮子的角铁多次掉落，现场仍有角铁固定不够牢固，没有及时采取措施消除角铁掉落的隐患。

三、暴露出的问题

（1）工作人员安全意识差，严重缺乏自我保护能力，无视安全生产规章制度，进入生产现场没有安装规定着装，工作随意性大，无视他人多次警告违规作业。

（2）安全教育力度不够，工作人员安全意识和安全技能没有得到有效提高，劳动纪律没有得到加强，遇事常常冒险蛮干，习惯性违章突出，临危应急缺乏经验。

（3）全员、全方位安全管理落实不够，生产系统安全管理制度及现场安全措施不够完善，各项安全措施没有有效落实。

四、防范措施

（1）组织全体员工认真学习，深刻吸取事故教训，开展一次专项安全检查活动，从思想、管理、生产现场等方面全面排查安全生产隐患。

（2）加强现场消缺管理，运行人员发现设备存在问题，若消缺工作不属于本专业职责范围的，应及时联系检修维护人员处理，办理工作票手续，做好各项安全措施，在保证人身、设备安全的前提下消除缺陷。不论何种人员处理现场缺陷，都必须落实安全措施，保障消缺工作安全。

（3）切实加强安全管理工作，认真落实员工安全生产教育培训措施，努力提高员工安全意识和作业技能；加强作业风险分析，针对危险点采取可靠的安全技术措施，确保作业安全；加强

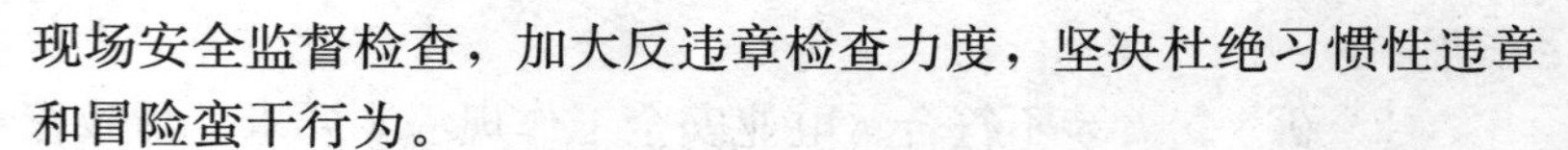

现场安全监督检查，加大反违章检查力度，坚决杜绝习惯性违章和冒险蛮干行为。

(4) 各单位领导层、管理层要按规定定期参加班组安全活动，切实了解员工安全思想动态、安全意识状况，采取针对性措施加强员工安全思想、安全意识教育，提高员工安全工作的责任心和主动性。要及时掌握各级人员安全生产责任制的落实情况，监督检查安全生产定期工作的开展，保证工作效果。

案例二十一 某电厂碎煤机驱动端轴承毛毡起火事故

一、事故经过

2009 年 12 月 6 日夜班，某电厂燃料运行四值当班。

0 时 40 分，班长廖×派巡检员韦××检查 B 碎煤机非驱动端轴承有漏粉缺陷是否已处理完毕。

0 时 56 分，巡检员韦××回复班长廖×、主值钟××B 碎煤机非驱动端轴承有漏粉缺陷未处理完毕，非驱动端轴承仍有积煤。班长廖×安排韦××进行清理。

1 时 10 分，廖×将接班设备运行状态及缺陷处理情况汇报值长肖××。

6 时 50 分，班长廖×令韦××、黄××现场检查完毕后到煤场处理煤场自燃。韦××最后一次巡检时间为 7 时 0～20 分，路线为：4 号皮带头部—5 号皮带尾部—4 号皮带头部—4 号皮带尾部，均未发现任何设备异常。

7：52，韦××和黄××例行现场交接班前检查时闻到上碎煤机层楼梯有一股烧焦的味道，立即对设备进行检查，发现 2 号碎煤机非驱动端轴承毛毡冒烟燃烧，立刻汇报廖×、黄××，廖×、黄××令其注意观察做好阻燃准备，但不要盲目处理，待检修人员前往处理。廖×电话通知××电力检修人员郭××前去处理，并令主值钟××带领班员阮×、黄××、温××等赶赴现场预防事态扩大。

7：55左右，郭××到现场，简单检查了一下，郭××用冲洗水淋灭火及降温，约10min后黄××拿来测温仪对碎煤机非驱动端轴承毛毡包裹处测温，温度为90℃，并向值长及上级部门主管汇报。

二、原因分析

主要原因：检修安装毛毡时过紧，碎煤机长时间高速运行，主轴与毛毡产生摩擦发热，导致毛毡着火燃烧。

根本原因：

(1) 碎煤机非驱动端轴承处有漏粉缺陷原处理时用毛毡封堵，造成毛毡着火的隐患。

(2) 检修人员未及时根据缺陷管理系统的任务要求对缺陷进行消缺，致使碎煤机非驱动端轴承处有漏粉缺陷未处理。

(3) 碎煤机非驱动端轴承毛毡包裹处热量无法及时散发，热量内积引燃煤粉毛毡。

三、暴露出的问题

(1) 检修人员在处理缺陷时，未能正确确认缺陷地点，处理结果未告诉运行班长，导致缺陷处理和消除环节出现脱节现象。

(2) 对设备进行维护时，未能考虑到毛毡长时间摩擦产生自燃的可能性，存在安全隐患。

(3) 现场漏煤、漏粉缺陷处理不及时及处理方式存在隐患。

(4) 未定期进行检查清理现场设施设备漏煤漏粉地点，存在煤粉自燃的危险点。

四、防范措施

(1) 加强检修工艺，检修前对设备特性进行充分分析考虑，选用合适材料更换和维护。

(2) 运行人员做好事故预想，加强大巡检力度，对转动轴承部分及容易造成积煤积粉的设备进行定时测温，发现异常及时汇报处理。

(3) 加强缺陷的跟踪验收环节，对处理完的缺陷及时到现场进行确认，确认完毕后再给予验收。对不合格缺陷，及时联系检修人员处理，对缺陷验收严格把关，缺陷处理不合格不予验收。

（4）发现漏粉现象及时登录缺陷系统督促检修人员及时处理。

（5）运行巡检人员做好碎煤机关键部位的定期测温、测振工作。

（6）热控维护单位要定期检查碎煤机的测温和测振仪器确保正常投用。

（7）监盘人员要加强对碎煤机报警及故障信号的监护，及时发现故障，及时检查、处理。

案例二十二 某电厂采样间长期积煤未清扫自燃烧毁设备

一、事故经过

2011年5月10日22时45分，某电厂燃料运行部启动上煤加仓，从2号圆堆（球形煤场）→5号B皮带→6号A皮带→7号A皮带→8号A皮带→9号A/B皮带→3号/4号炉煤仓上煤，5月11日1时上煤结束，停止A路上煤系统运行。

3时40分左右，燃料运行值班人员发现8号A皮带入炉煤采样装置故障报警，燃料主值陈××联系检修人员处理。维修部热控班翁×通知检修人员行××到现场处理。4时左右，行××发现8号A皮带着火冒烟，立即汇报值长，并现场用灭火器灭火。其他人员赶到后，手动开启8号皮带头部和尾部两侧消防栓，用消防水从两侧控制火势，同时启动输煤系统消防喷水系统，消防人员到达现场灭火。5时左右，火情被扑灭。现场仍继续采取喷水措施，防止残留火种复燃。

现场过火情况：8号A皮带约200m损毁，8号B皮带约150m损毁，皮带所属托辊部分损毁，支架基本完整。8号皮带栈桥内部分控制柜变形（内部元器件烧损），电缆桥架局部松动变形，部分电缆烧损，照明线路、灯具烧损。8号皮带栈桥钢结构以及外部彩钢板除烟熏痕迹外，目测未发现明显损坏。8号

A、B 皮带电动机及动力电缆测绝缘正常。

二、原因分析

初期着火点：8 号 A 皮带采样装置靠尾部侧下方过火痕迹最为严重，采样装置外壳烧损变形，该装置设计紧凑，下方托辊处有积粉烧过痕迹，现场经初步研究，确认该处为起始自燃发火点，上煤结束约 2h 后发生自燃。

火情蔓延过程：煤粉自燃发火后，沿 8 号 A 皮带两侧燃烧，在“烟囱”效应下（栈桥有较大斜度），火情快速向上发展。8 号 A、B 皮带两侧中间间距为 1m 左右，A 侧皮带烧断后，跌落至拉紧装置重块处继续燃烧，进而引燃 8 号 B 皮带（8 号 A、B 皮带拉紧装置布置在同一室，采用彩钢板封闭），最终导致 8 号双路皮带大部分烧毁。

三、暴露出的问题

(1) 该次事故是近期某电力公司之后重复发生的输煤皮带着火事故，暴露出某公司吸取事故教训不到位，没有有效落实输煤系统防范火灾事故的措施。

(2) 现场输煤系统运行设备（入炉煤采样装置）发出报警后，运行人员认为 8 号 A 皮带已停运，主观认为可能是误报或线路松脱，未及时到现场进行确认，以至于未能第一时间发现火情，延误最佳扑灭时机。

(3) 输煤系统停止上煤时，未及时对皮带及相关设备进行巡视检查，未能及时发现并清理积煤（粉），以确保煤（粉）无积存。

(4) 火灾报警装置存在设计缺陷（8 号皮带拉紧装置到皮带尾部未设计安装感温电缆，存在死区），同时运行人员对火灾报警重视不够。经调取消防监控记录，着火期间 8 号皮带感温电缆均未起作用，装置未发出报警信号；事发当天 3 时 41 分和 3 时 48 分，当 8 号皮带头部和中部的烟感探头动作并发出报警信号时（集控室火灾报警监控盘），集控运行人员未发现和确认。

(5) 现场工业电视监控管理制度不完善，8 号皮带头部设计

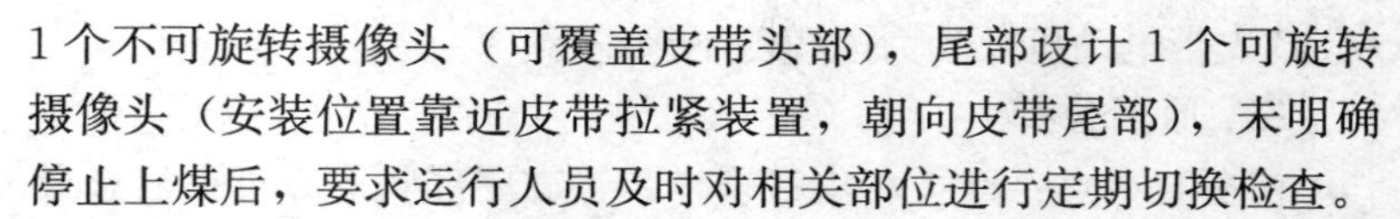

1个不可旋转摄像头（可覆盖皮带头部），尾部设计1个可旋转摄像头（安装位置靠近皮带拉紧装置，朝向皮带尾部），未明确停止上煤后，要求运行人员及时对相关部位进行定期切换检查。

四、防范措施

（1）要深刻吸取皮带着火事故教训，高度重视输煤系统积煤（粉）自燃隐患的消除工作，结合自身情况，举一反三，完善输煤系统防止火灾措施。

（2）加强输煤系统运行管理，每次上煤结束前，要及时清理落煤和积煤，确保皮带及相关设备无煤（粉）积存；对于高挥发分煤种，上煤结束后应采用水清洗措施。

（3）完善输煤系统工业电视功能和监控制度，消除监控盲区，确保对输煤系统提升段皮带、采样装置等关键部位监视到位。杜绝禁止使用的材料，研究、探索更加有效的防火技术和手段，突出防消结合，采取综合治理措施，提高输煤系统安全可靠性能。

（4）加强消防系统维护管理，输煤系统火灾报警、喷淋系统或水灭火装置功能必须满足消防规程要求，满足实际运行需要，并适当增加灭火器材配置，确保随时完好可用。要开展输煤系统火灾演练，重点加强对初期火情的控制和扑救防范，一旦起火，迅速将灾害控制在萌发阶段。

（5）深入剖析存在的问题和不足，并按照“四不放过”要求，严格落实责任。

案例二十三 管理不到位造成栈桥积粉自燃导致重大火灾事故

一、事故经过

2012年2月12日7时30分，某发电有限公司燃料运行部燃料运行二班班长沈××组织召开班前会，进行了当班工作任务安排和安全措施交底，安排××公司劳务派遣工李×（死者）、刘××分别负责7号皮带甲、乙侧上煤工作。李×和刘××到达现场后，按照例行工作要求，对7号皮带设备系统及环境进行了认真检查，确认7号皮带层尾部吊装孔盖板处于覆盖状态。8时5分左右，输煤双系统上煤到达7号皮带，两人分别在输煤皮带两侧操作犁煤器上煤（顺序为从1号炉A原煤仓至2号炉E原煤仓）。9时45分左右，开始对2号炉E原煤仓上煤，李×和刘××共同放下2号炉E犁煤器。9时50分左右，刘××发现2号炉E原煤仓乙侧即将上满煤，多次呼喊李×抬起犁煤器，未见回应。刘××便从7号皮带乙侧绕经皮带尾部到达甲侧，仍未找到李×，但发现7号皮带层吊装孔盖板已处于打开状态。在多次手机联络未果的情况下，刘××联系输煤集控人员停止7号皮带运行并用现场广播系统呼叫寻找李×。10时10分左右，刘××在2号炉12.6m层吊装孔附近发现李×倒在地上，立即拨打120急救中心电话，并逐级汇报了公司领导。该公司立即启动人身伤亡应急预案，组织对李×进行抢救，并保护事故现场。10时55分左右，李×经120急救中心抢救无效死亡。

二、原因分析

经过现场勘查、查阅资料和询问相关人员，对事故的原因初步分析、推断如下：

(1) 2012年2月12日8时30分左右，该公司3名施工人员进入现场，进行6号皮带入炉煤采样机安装前的设备、材料吊运工作。9时10分左右，施工人员打开了6号皮带层头部平台（标高42m）吊装孔盖板、7号皮带层（标高37m）尾部吊装孔靠皮带侧的3块盖板（该吊装孔共4块盖板）和重锤室层（标高25m）吊装孔盖板，打开的三层吊装孔周围均未设置防护围栏、警示标志，7号皮带层也未设专人监护，造成7号皮带层吊装孔处于不安全状态。

(2) 负责7号皮带甲侧上煤工作的李×经常从7号皮带层吊装孔处通过，在事发当天接班后巡检设备时，已确认7号皮带层吊装孔盖板处于覆盖状态。由于李×依次对1号炉A原煤仓（靠近7号皮带头部）至2号炉E原煤仓（靠近7号皮带尾部）

进行顺序上煤工作，因此不知道7号皮带层吊装孔（靠近7号皮带尾部，被某公司施工人员打开）盖板已打开，同时，李×在7号皮带甲侧操作2号炉E犁煤器时正对窗户，光线较强；而吊装孔处没有窗户，上方照明虽然满足要求，但比2号炉E犁煤器处的光线仍然偏暗。约9时45～50分左右，李×从2号炉E犁煤器处通过吊装孔处时，眼睛不能及时适应光线的变化，没有及时发现吊装孔盖板已被打开，不慎踏空坠落，经重锤室层吊装孔，跌落至锅炉12.6m平台，造成事故的发生。

三、暴露出的问题

(1) 施工人员违反规定，擅自打开吊装孔盖板。该公司施工人员违反《电业安全工作规程》和《作业环境本质安全管理规定》，未联系电厂相关班组办理工作票，擅自进入生产现场并打开吊装孔盖板，破坏了现场作业环境的原有安全状态，未按要求装设坚固的临时围栏、设置警示标志等安全防护措施，也未安排监护人员，使现场作业环境状态失去控制，为事故的发生埋下隐患。

(2) 施工现场组织混乱，该公司监督管理不到位。虽然在双方签订的《安全合同书》中明确约定了一系列管理要求，但是该公司的施工负责人擅自变更2名施工人员后未报告，也未办理相关培训、技术交底等手续，导致不具备安全资格的人员进入施工现场。该公司对施工方未办理工作票失察，现场监督检查不及时，未能有效制止施工人员的违章作业行为；未及时发现外包工程人员变更，未有效控制无证人员出入厂区。同时，施工人员未经许可，擅自使用厂内起重设备，暴露出该公司特种设备管理方面的漏洞。

(3) 外包工程管理过程中的共性问题依然突出。该次事故进一步暴露出电厂门禁制度执行不严格、外包队伍普遍存在的现场作业随意性大、外包人员行为不能得到有效约束和控制、外包人员安全教育培训针对性不强、安全技术交底流于形式等突出问题。

四、防范措施

(1) 要充分认识这起事故的严重性，深刻吸取事故教训，深刻反思该公司安全管理方面存在的问题，制定整改措施，切实提高对安全生产工作重要性的认识和全员安全意识。

（2）开展安全专项检查活动，重点对发包工程和委托用工管理、作业环境治理、安全生产责任制落实以及“两票”、规章制度执行情况等进行认真排查梳理，落实整改责任和期限，消除安全生产隐患。要严格按照《作业环境本质安全管理规定》要求，立即对现场存在的作业环境问题进行整改。

（3）要协助地方安监部门做好事故调查和善后事宜，并按照事故调查结论，依据有关规程、规定，严肃追究事故涉及单位和人员的责任，提出处理意见。

（4）系统各单位要进一步加强外包工程全过程和作业环境本质安全管理，举一反三，对照有关规程、规定，进一步理顺管理机制和流程，明确管理职责分工，完善管理制度，切实消除现场隐患、管理漏洞和规程制度在执行中的薄弱环节，提高安全管理水平。

案例二十四　值班员安全意识淡薄造成手臂挤伤事故

一、事故经过

2007年5月8日上午，某电厂燃料运行部运行甲班当值，上午9时45分开始上煤，上煤流程为1号斗轮机→3号甲皮带→4号甲皮带→5号甲皮带→6号甲皮带→7号甲皮带，10时55分上煤结束，各段值班员带领民工清理积煤，11时左右苏××巡检到6号皮带驱动间入炉煤采样机室，发现入炉煤采样装置的斗提已停止运行，就将入炉煤采样装置停止运行，然后打开斗提观察门，看见斗提已被煤堵塞，发现二级给料机皮带跑偏且有撒煤现象，就叫民工到现场清理斗提，清理工作结束后，民工离开现场。苏××开始逐步启动设备，当启动二级给料机及斗提将皮带上的煤拉空时，突然有石块滚入回程皮带内，为防止石块卡住滚筒把皮带撕裂，情急之下，苏××违章操作，用右手将石块扫出回程皮带，但由于距离皮带尾部滚筒太近，滚筒将苏××衣袖绞住，最终右臂被卷入滚筒与皮带之间，造成右臂大臂挤伤。

二、原因分析

(1) 值班员苏××虽经过安全教育，但安全意识淡薄，实际工作中违反安全规程、违反运行规程进行操作，违章作业是造成该次事件发生的直接原因。

(2) 燃料运行部安全管理监督不到位，反违章工作开展不力，是造成该次事件的原因之一。

三、暴露出的问题

(1) 培训工作不到位，部分运行人员素质低，处理事故能力不强，思想麻痹大意，遇事常常冒险蛮干，习惯性违章突出，临危应急缺乏经验。

(2) 危险点分析和预控措施不到位，工作人员安全意识及自我防护意识较差，结果造成不必要的伤害。

(3) 现场装置性违章严重，危险设备无警告标志。

四、防范措施

(1) 燃料运行部组织对此次事件暴露出的问题进行深入讨论，认真分析问题的根源，结合安全月活动深入开展违章治理，严格管理，夯实安全生产基础，坚决杜绝同类事件的发生。

(2) 对燃料系统的装置性违章进行一次认真梳理，上报整改计划，限期整改。

(3) 扎实开展“反违章”的教育、培训，认真开展班组安全活动，班组日常工作中坚持做到“两交清、五同时”（两交清：交清工作任务、交清安全措施及注意事项。五同时：同时计划、布置、检查、总结、评比安全工作）。对不按要求进行落实的班组及个人，严格考核，确保收到实效。

案例二十五 检修工艺差造成皮带断裂事故

一、事故经过

2007 年 7 月 24 日，某电厂燃料运行巡检人员发现 4 号甲皮带有一段中间开裂，通知燃料维护班和相关部门领导，随后即安排外委公司准备更换一段近 40m 长的皮带。外委公司办理工作票后于 24 日下午～27 日上午完成整个皮带的更换工作，在更换皮带的过程中，燃料运行部派人进行了跟踪监督。

27 日 10 时 30 分左右，燃料巡检值班员胡××联系主值王××，要求外委公司试转 4 号甲皮带，10 时 35 分启动，运行至 10 时 50 分，外委公司现场负责人王××告诉值班员设备运行正常可以恢复运行，11 时外委检修工作人员对 4 号甲皮带机工作消票。运行恢复使用 4 号甲皮带机，流程为 2 号翻车机—4 号甲皮带机—原煤仓上煤，运行至 11 时 35 分变流程为 2 号翻车机—4 号甲皮带—2 号斗轮机，运行到 12 时，胡××巡检至 4 号甲皮带尾部时突然发现 4 号甲皮带变软，急忙拉了拉线开关，走上 4 号甲皮带头部发现新胶接的一段皮带断裂，并被卷入驱动装置内，即通知班长，班长周××随即报告给相关部门领导和人员。

燃料运行部和生产技术部以及外委公司人员在 12 时 30 分先后到现场进行了检查，并组织相关人员进行设备抢修，7 月 28 日下午完成了第一个胶接头的相关工作，晚上生产技术部和燃料运行部在检查胶接头质量时发现胶接头上面出现了一个直径约 300mm 的空洞，生产技术部随即要求外委公司必须将该接头重新硫化，外委公司项目部同意进行处理。29 日凌晨 3 时左右，外委公司工作人员在拉皮带时，该接头再次断裂。

二、原因分析

针对两次皮带断裂的情况，生产技术部于 2007 年 7 月 29 日上午组织燃料运行部以及外委公司相关人员对现场进行了取证并就产生的原因进行了分析。

1. 第一次胶带断裂原因

主要（直接）原因：外委公司现场进行施工的人员在整个施工过程中，技术力量严重不足，没有按照皮带胶接、硫化工艺进行施工，下刀太重，致使皮带下一层带芯被伤及，皮带不能承受应有的拉力，同时在使用砂轮机进行皮带浮胶的打磨过程中，用力过大，使带芯直接受损，失去应有的作用，从而使整个皮带从接头处断裂。

次要原因：

（1）胶带硫化过程中使用的填充料因没有具体生产日期及保质期，但从现场的剩余填充料来看，填充料的存放时间较长、质量不好是另一个原因。

（2）在整个施工过程中，燃料维护人员在监督中没有及时发现存在的隐患。同时在设备试转中，外委公司工作人员、燃料维护人员以及运行人员没有认真按照规定对设备检修后的质量进行验收。

2. 第二次胶带断裂的原因

主要（直接）原因：外委公司在施工操作过程中技术力量严重不足，硫化胶接头时硫化温度超温过硫，致使皮带带芯全部被烧焦，失去应有的作用。超温的原因是硫化机温度测点损坏，没有及时修复，同时在人工控制温度时又没有得到很好的控制。

次要原因：在皮带硫化时，燃料维护人员在监督过程中没有及时发现存在的隐患。

三、暴露出的问题

（1）维护单位技术力量严重不够，对整个施工工艺不重视，对现场的检修维护环境不熟悉，不能够很好地组织现场抢修和维护。燃料维护人员技术还较薄弱，不能很好地发现问题和提出问题。整个燃料维护的技术培训工作亟待加强。

（2）对材料和备件的管理不到位，没有及时地清理材料和备件的进、存、用等情况。

（3）在整个抢修工作中，工器具的准备不充分。

四、防范措施

（1）加强维护人员的技术培训，特别是施工工艺方面的培训工作。

（2）加强备品备件和材料的管理工作。

（3）尽快完善硫化机等工器具的配置和修复等工作，满足现场维护工作的需要。

(4) 4、5号皮带以及斗轮机尾车等出现“驼峰”等处要尽快完成整改，保证皮带的平稳过渡，不损伤皮带。

(5) 加强设备的巡视检查。

案例二十六 冒险作业私开阀门试验造成人身死亡事故

一、事故经过

2008年7月4日，某电厂燃料运行部C8A皮带电动机上方喷淋消防水管焊口断裂，此处由ϕ219mm变为ϕ159mm，中间有一奥氏体不锈钢大小头过渡。检修人员办理工作票，处理焊口断裂缺陷，工作负责人为蔡××，工作班成员为黄××、钟××(死者，实习生)以及3名脚手架工。值长批准工作结束时间为7月6日20时。7月6日17时30分，因工作未完成，办理延期到7月8日18时。

7月7日21时25分，焊接工作结束。黄××和3名脚手架工清理现场，收拾工具，返回工具房，现场只留下蔡××和钟××。21时30分，蔡××用对讲机与运行班长周××联系，喷淋消防水管检修工作结束，要求进行充水试验工作，周××要求先将工作票押回。蔡××在工作现场交代钟××待喷淋消防水管充水20min后，如果水管没有漏点，再上脚手架进行管道刷漆工作，然后在未将工作票押回到运行岗位的情况下，自行进行喷淋消防水管充水试验。21时42分，蔡××到锅炉0m层开启C8A皮带喷淋消防水手动总门向管道内注水。此时，钟××擅自爬上脚手架准备给管道刷漆，由于管道充水，系统压力由正常的0.8MPa下降到0.57MPa，自动联启电动喷淋泵(系统压力低于0.6MPa连锁动作)，压力升高到1.35MPa管道发生水锤，导致喷淋消防水接头焊缝断裂，管道焊口断裂后甩头，击中钟××腹部。22时25分，钟××被送到县人民医院抢救。

7月8日3时50分，钟××在医院经抢救无效死亡，诊断为腹内内脏损坏出血。

二、原因分析

(1) 蔡××严重违反工作票管理规定，违章私自打开阀门，而且水流量控制不当，造成喷淋消防水主泵联启，产生水锤，导致喷淋消防水管道崩断，是造成此次事故的直接原因。

(2) 钟××擅自提前上脚手架检修平台冒险作业，是造成此次事故的间接原因。

(3) 钟××作为学校安排到该电厂工作的实习生不得独立作业，蔡××违反规定，在工作现场其他人员离开的情况下，留下钟××单独进行现场的刷漆作业，导致钟××的工作失去监护，是造成此次事故的间接原因。

三、暴露出的问题

(1) 检修人员安全意识不强，没有认真落实“两票三制”，在未押票的情况下擅自进行试验。

(2) 检修负责人未落实工作监护制度，未对班组成员进行危险点告知，工作结束后，违反《电业安全工作规程》规定仅留下实习生钟××在现场进行后续工作。

(3) 电厂安全管理制度未得到有效落实，导致现场人员多次违反《电业安全工作规程》规定违章进行作业。

(4) 实习人员安全教育不到位，对本岗位作业风险识别不够，自我保护意识薄弱。

四、防范措施

(1) 加强工作票和操作票的动态检查。设备部门各专业点检员对所签发工作票的执行情况至少进行一次动态检查，并将检查结果记录在点检日志中。发电部门各专业主管必须定期检查本专业的操作票，并记录在操作票动态检查记录本内。安监部继续加强对工作现场的监督检查工作，加大对其考核力度，杜绝违章行为的发生。

(2) 各部门和项目部对于实习生、学徒工、保洁工和力工四类人员要加强现场监护管理，在没有工作负责人监护的情况下、没有取得相关岗位认证的情况下，上述四类人员不得在现场独立作业，不得独立进入生产现场，不得参加高危险作业。

（3）针对喷淋消防水系统从设计和安装所遗留的问题，请设计院进行一次全面的诊断分析，并根据诊断结果进行治理。

案例二十七　清理积煤不及时造成皮带尾部电除尘器卸灰口处着火事故

一、事故经过

2009年10月25日11时50分，某发电厂4台机组运行，燃料运行人员巡检上煤系统，准备加仓。

11时55分，监盘人员从监控画面中看到9号B皮带尾部有火星，马上启动9号B皮带，将有火星段皮带转至2号炉尾部处停运。此时煤仓间巡检人员在8号皮带头部巡检，主值立即通知其赶至现场灭火，并联系消防队协助，汇报值长。

12时3分，主值及消防队赶至现场，巡检人员已用灭火器和消防水将皮带明火扑灭，现场检查发现仍有小火星从电除尘器卸灰管上方坠落，消防人员继续用消防水进行灭火。

12时5分，主值将煤仓间转运站B电除尘器电源断开，打开电除尘器后盖板，发现电除尘器电极板积粉，并有发热或自燃明火现象，消防人员现场进行处理。

12时30分，消防人员将全部着火积粉浇灭，并清除B电除尘器内部其他积粉。检修检查确认9号B皮带已烧破一20cm×40cm的洞。

14时10分，许可开工工作票：KM－WO－8404 9号B皮带胶接，检修胶接9号B皮带。

二、原因分析

煤仓间转运站B电除尘器内积煤粉自燃，且已自燃的积粉由电除尘器卸灰管掉落至9号B皮带引起皮带自燃烧穿。

三、暴露出的问题

（1）运行管理不善，运行人员责任心不强，安全意识淡薄，工作经验不足，培训工作实效性差，针对性不强，未有效提高员工的技术水平和工作能力。

（2）煤仓间电除尘器本体及电极板处的积粉较严重，现场管理存在死角，设备长期积煤积粉未得到清理，运行人员对现场积煤积粉的危险性认识不足，思想麻痹大意。

（3）安全管理存在漏洞，危险点分析未落实，事故预想不到位，安全防范措施执行不力，安全隐患长期存在，现场习惯性违章屡禁不止。

（4）煤仓间上下电除尘器的爬梯未安装护栏。

四、防范措施

（1）定期对电除尘器进行检查，及时清除所积煤粉。

（2）举一反三对输煤系统其他易积煤粉进行普查并消除积煤粉的可能性。

（3）上下电除尘器的爬梯安装护栏。

（4）运行人员加强巡回检查，及时发现事故隐患。

（5）做好输煤皮带着火事故预想。

（6）严格执行《防止输煤皮带火灾技术措施》。

案例二十八 管理松懈造成清扫人员死亡事故

一、事故经过

2008年4月2日，某电厂燃料部安排二期上煤线落煤斗清理（二期上煤线落煤斗清理属于××公司常年外包项目工作内容），以便4月3日上煤线落煤斗检修。

4月2日约8时40分，燃料部二期当班运行班长肖××安排合同运行巡检周×带清扫队当班人邓××清扫上煤乙线落煤斗，邓××负责清煤，周×负责监护，15时40分左右，清理工作结束，关闭4号乙尾部落煤斗人孔门后，两人一起离开现场。16时，晚班与白班交接班。19时，运行当班班长袁××安排巡检对上煤乙线进行启动前的检查，合同运行巡检工邓×、岳×、林×等人到乙上煤线各段进行检查，均正常，具备启动条件。在启动上煤线过程中出现5号乙皮带机制动不能松闸等缺陷，21时检修人员处理完毕。21时59分启动7号乙皮带，22时，启动6号乙皮带，22时0分30秒启动碎煤机，22时2分启动5号乙皮带，22时3分，启动4号乙皮带。22时4分40秒站在5号乙皮带头部监护的丁×发现距自己7～8m、距落煤口约3m远处的皮带上有一人头部朝前仰面躺在皮带上（此人当时无呼叫及动作），丁×拉紧停拉线开关，但因皮带惰走，人仍被带入斗内，丁×用对讲机呼叫煤控楼运行班长袁××，停运后滚轴筛、碎煤机及以上煤线皮带机，班长袁××赶到现场与丁×在碎煤机内发现尸体。

二、原因分析

初步结论：根据现场勘查以及运行班组班长、巡检员等当事人的举证分析，推断清扫人员邓××是在4月2日19时以后，在非当班期间擅自进入生产现场，在4号乙皮带尾部落煤斗从人孔门入落煤斗，21时59分上煤线启动后被带入碎煤机。死者的具体死亡时间以及动机和行为不明。

（1）根据输煤集控室上位机上设备运行记录，从5号乙皮带启动至拉动拉线开关停止，运行了120s。根据皮带长度（5号乙皮带164m，4号乙皮带86m）和皮带运行速度（速度为2.5m/s），推断邓××只能是从4号皮带带到5号皮带再进入碎煤机。从4号乙皮带启动到5号乙皮带停止共100s，皮带运行250m，正好和4、5号皮带的长度之和吻合。计算推断第一现场应该是在4号尾部落煤斗内。

（2）在上煤线启动前对现场进行了巡查，现场检修人员也未发现皮带上有人。启动后丁×发现头部朝前仰面躺在5号乙皮带上的人没有呼叫及动作，也可以推断事故发生的第一现场是在4号乙皮带尾部落煤斗内。

（3）15时40分，周×和邓××离开4号乙皮带尾部落煤斗时，已经关闭人孔门，事故发生后，检查发现该人孔门为开启状态。而15时40分之后运行班组没有再安排落煤斗清理工作。晚

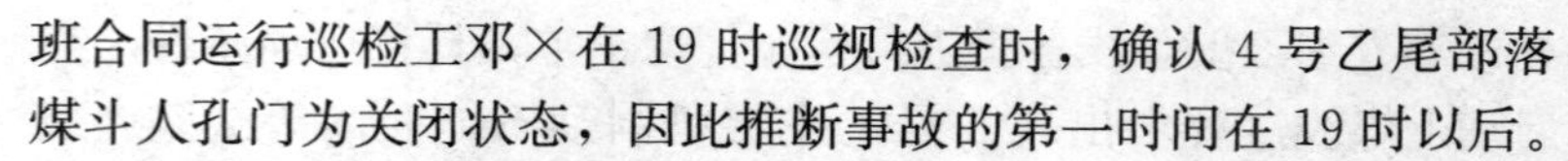

班合同运行巡检工邓×在19时巡视检查时，确认4号乙尾部落煤斗人孔门为关闭状态，因此推断事故的第一时间在19时以后。

三、暴露出的问题

（1）该电厂清扫队管理松散，安全管理措施没有落到实处，新进人员没有履行必要的审批备案手续，没有按照合同要求与员工签订安全合同，人员的安全教育及技能培训流于形式，员工的安全意识淡薄。

（2）该电厂对清扫队的管理不严，对清扫队的安全教育、培训、安全技术交底不到位，对清扫队人员变动、人员进出工作现场督查管理不到位，人员的安全教育和技能培训等方面检查、监督、考核不力。

四、防范措施

（1）加强外包项目承包单位的监督、管理。切实做好外包队伍的安全教育、培训和安全技术交底，严格审查进厂外来人员，严肃外包队伍的监督管理，加大对外包单位的审查、准入、检查和考核力度，严格外包队伍人员门卫出入登记审查管理，协助外包单位强化安全管理。

（2）完善生产现场安全警示标识，改善生产现场作业环境。

（3）严格执行交接班、巡视检查、监护、连锁保护试验等规章制度，确保设备检查到位、人员监护到位，加强外包清扫、巡检项目队伍的交接班和巡视检查制度的执行力度，规范作业行为。

（4）厂部成立“外包工程项目治理、整顿专门工作组”，立即开展整顿月活动。认真吸取事故教训，严格按照《国际电力股份有限公司生产外包工程安全管理办法》，对全厂所有外委项目承包队伍进行一次全面清理，排查安全隐患、全面落实整改，并形成长效机制。

案例二十九 巡检不到位造成皮带撕裂事故

一、事故经过

2009年9月16日上午，某发电厂燃料运行部燃料运行四班对锅炉原煤仓进行本班的第二次上仓，拟使用1号斗轮机至乙路皮带运行流程，12时58分9秒，上仓流程正式启动。运行人员先后对1号炉B、C、D仓进行了加仓，当1号炉D仓快满仓时，7号皮带值班员蒙××在1号炉D仓处用对讲机汇报输煤程控主值杨×，需要放乙侧2号炉B仓上的8号犁煤器。13时30分45秒，乙侧8号犁煤器下放到位，值班员蒙××从1号炉侧走向2号炉侧的时候发现下皮带变窄，立即拉了拉线开关停止设备运行，检查发现7号乙带被撕裂约230m。

二、原因分析

(1) 造成皮带撕裂的直接原因。

1) 经还原现场情况和组织分析，造成皮带撕裂的直接原因是犁煤器前端活动槽形托辊存在设计缺陷。乙侧8号犁煤器的右前端活动槽形托辊在皮带启动时竖立后没有复位，皮带被竖立的槽形托辊顶住，高出正常的运行平面，皮带在此处出现皱褶，犁煤器放下时被犁刀尖刺穿皱褶处的皮带，导致皮带损伤230m。

2) 导致8号犁煤器的右前端活动槽形托辊竖立的原因是该班组第二次上仓启动7号乙皮带时，皮带的拉紧装置在驱动力的突然作用下向上运动，然后又马上回落，此时皮带发生了“抖动”。在这种情况下，皮带会离开托辊一定的距离，从而导致该托辊竖立（该托辊的支撑点只有一个，并且约为3/7分，较重的一侧靠胶带外沿，皮带离开托辊的高度足够时，该托辊即可靠自重的作用竖立）。

(2) 7号皮带值班员在1号炉D仓处用对讲机汇报输煤程控主值，需要放乙侧2号炉B仓上的8号犁煤器，13时30分45秒，乙侧8号犁煤器下放到位。8号犁煤器下放前7号乙带的电流基本稳定在110A左右，8号犁煤器下放后7号乙皮带的电流就开始上升，最高达到299.4A，直到13时32分9秒设备停止运行，电流异常变化的持续时间为84s，由此可见，运行人员在运行巡检、监盘、调度、联系中出现了严重的问题，没有按照各自的岗位职责和运行流程进行工作。如果就地值班员检查设备到位或主值对就地值班员的到位、检查情况进行监督指导和跟踪确认，7号乙皮带撕裂的事件完全可以避免。

（3）燃料运行部运行四班班长作为班组安全第一责任人，班组日常管理、安全教育和事故预想等培训工作、对就地值班员巡视检查设备监督指导和跟踪确认不到位，也是造成此次事故的原因之一。

（4）燃料运行部对运行人员的培训、指导、监督和检查工作不到位，也是造成此次胶带被撕裂的原因之一。

三、暴露出的问题

（1）就地值班员设备启动后检查不到位，对2号炉B仓活动槽形托辊竖立的异常情况没能及时发现，请求放犁煤器操作前没有到2号炉B仓处对设备进行检查确认，而是在1号炉D仓处给主值进行汇报，对设备操作前现场检查确认的重要性没有引起足够的重视。

（2）主值也没有向就地值班员确认设备是否检查、人员是否到位就进行了放犁煤器的操作，将8号犁煤器下放，忽视了主值监督、指导和调度的重要职能。

（3）主值监盘工作不到位，长达84s的电流异常变化没有发现，未能及时采取有效措施防止事态扩大。这说明当班主值班员工作责任心不强，经验不足，对电流等重要运行参数的异常变化不敏感，事故预想不到位，工作技能水平有待提高。

四、防范措施

（1）燃料运行部组织××电建公司的维护人员在犁煤器前端活动槽形托辊下面加装支撑装置，防止活动槽形托辊发生竖立现象。

（2）燃料运行部迅速落实运行人员的岗位职责，理清运行人员在巡检、调度以及联系工作中各自的工作流程。如在设备的启停工作中，正常的流程应该是：班长安排好工作后，主值通知巡检人员到现场检查设备，巡检人员检查完设备并汇报主值，主值确认后方可启停；在上煤的过程中，7号皮带的值班员检查发现前一个煤仓快满仓时即汇报主值，得到主值的许可后到下一个煤仓，在检查设备完毕后汇报主值，主值确认后进行设备的启停。

(3) 燃料运行部程控监盘人员要认真吸取教训，严格履行岗位职责，增强责任意识，提高业务技能，细致、全面地监督各项主要参数，对出现的异常情况，准确判断，及时采取有针对性的措施进行处理，防止事态扩大。

(4) 燃料运行部巡检人员要切实提高工作责任心，做到巡视检查工作细致、全面，不留死角，对异常情况及时发现、及时处置。

(5) 燃料运行部各级管理人员要切实履行起安全职责，增强责任心，高度重视事故预想和反事故演习等预防预控工作，强化监盘和巡检质量，针对安全上的不良苗头和管理上的薄弱环节下大力气予以改进，不断提高运行人员的安全意识和责任意识，确保输煤系统运行安全稳定，可靠输卸煤。

案例三十 除铁器故障长期未修复造成粗碎机减速机损坏事故

一、事故经过

2012 年 2 月 5 日 23 时 30 分，某电厂 1、2 号机组有功负荷 192MW，燃料运行人员用 3 号 B 皮带—2 号粗碎机—2 号细碎机—4 号 B 皮带上煤炉前煤仓上煤，23 时 50 分，2 号细碎机堵煤，2 月 6 日 0 时 5 分，停用开盖清理 2 号 B 粗碎机堵煤，发现 2 号 B 粗碎机减速机有裂纹，0 时 20 分，安排拆除 2 号 B 粗碎机减速机及齿辊，并安排启动 1 号破碎机系统。经抢修 2 号粗碎机时发现内部煤矿来煤中一块水杯大小的金属部件卡塞，减速机扭矩过大引起损坏。

二、原因分析

(1) 2 号粗碎机内部掉入大块金属物，破碎机卡死，减速机扭矩过大，是造成减速机损坏的主要原因。

(2) 3 号 B 皮带中部盘式除铁器故障，长期未修复，不能正常除去煤中金属物件，是造成该次事件的主要原因。

(3) 煤矿、洗煤厂皮带除铁器不能除去煤中金属杂质，是造成该次事件的次要原因。

(4) 运行人员对来煤质量监督把关不严，煤中较大金属异物未发现，岗位员工责任心不强，是造成该次事件的次要原因之一。

(5) 设备技术部未对粗碎机保护定值进行定期检查、校核，也是造成该次事件的次要原因之一。

三、暴露出的问题

(1) 设备管理不善，设备缺陷消除不及时，辅助设备异常长期存在，定期检查、维修工作执行不力，检修质量把关不严。

(2) 运行人员安全意识淡薄，责任心不强，安全技能水平不高，对现场危险点认识不足，事故预想存在漏洞，安全防范措施落实不到位。

(3) 安全管理存在死角，安全监督流于形式，安全大检查、反习惯性违章工作未收到实效，习惯性违章行为突出。

四、防范措施

(1) 于2月20日修复3号B皮带中部盘式除铁器。

(2) 2月15日内完成对0号皮带除铁器及皮带机头部带式除铁器运行情况的检查工作。

(3) 对粗碎机减速机进行技术改造，并对其保护系统进行校验，相关设备保护改动或退出，必须办理保护改动或退出相关手续。

(4) 联系煤矿供应较好的煤质，并建议对皮带除铁器进行检查。

(5) 对输煤系统实行点检定修管理制度，排查存在的设备隐患，并制定整改计划。

(6) 巡检人员应加强对皮带来煤质量的监督工作，提高人员责任心；煤中发现大块异物，立即停止皮带运行，汇报并组织处理。

(7) 改用煤场上煤，煤场架设临时筛子，保证入炉煤的粒度。

案例三十一 燃料检修人员安全意识差造成触电死亡事故

一、事故经过

某热电厂B厂装机容量2×135MW，1、2号机组分别于2006年12月和2007年8月投产，输煤段除尘系统由于设备质量问题，远方自动不能正常投入。

2008年5月1日12时45分，电厂燃料检修专业部电气检修班技术员赵××（死者，男，35岁）配合江苏省××机械设备厂技术员黄××到B厂输煤六段头部8号除尘器处观察运行情况。

13时23分，赵××准备观察8号除尘器就地操作箱内接触动作情况，在打开就地操作箱过程中，右手碰到操作箱内脱落的一根带电的中控线（此线头为8号除尘器至输煤程控系统的一个状态量，电压为交流220V），由于赵××没有穿戴绝缘手套和绝缘鞋，并且地面存有积水，致使赵××发生触电。其身后的黄××发现赵××触电后，用肩部顶撞赵××背部，使其脱离电源，就地为赵××进行心肺复苏抢救，并报警。13时43分，120救护人员到达现场，并进行急救，后经抢救无效死亡。

二、原因分析

(1) 直接原因。输煤六段8号除尘器就地操作箱内KM1接触器辅助触点接线端子紧力不足，加之运行中振动，接线端子松动，致使送至输煤程控系统8号除尘器风机状态量带电引线脱落，碰触赵××右手，发生触电致死事故。

(2) 间接原因。

1) 输煤段除尘器设备安装后，故障较多，一直未能正常运行，始终不具备最终验收条件。

2）赵××在进行检查带电设备时，未按照规定穿戴绝缘手套和绝缘鞋，在发生触电时，失去了有效的防护。

3）输煤六段 8 号除尘器就地操作箱处地面存有积水，作业环境不良，赵××站在积水地面上作业，身体与地面绝缘能力降低。

4）除尘器操作箱电气设计存在缺陷，输煤和除尘电源同在一个操作箱内，除尘器处于停用状态，而操作箱内仍有输煤用电电源，造成麻痹触电。

三、暴露出的问题

(1) 该厂对工人安全培训教育不到位，工人安全意识低，自我保护意识不强，进行危险作业不按规定穿戴防护用品。

(2) 安全检查不到位，操作箱内信号线脱落造成的安全隐患未能及时发现和整改。

(3) 安全管理制度执行不严格，赵××及黄××违章作业，造成电气作业监控不力。

(4) 安全生产基础管理松懈。对人员违章、装置性违章以及环境违章等查处力度不够，工作抓的不严、不实、不细，作业随意性大，安全生产规章制度不能够有效地得到贯彻与执行，降低了安全生产规章制度的约束力。

四、防范措施

(1) 严格执行《电业安全工作规程》的相关规定，工作人员必须佩戴合格的保护用品，携带安全工器具进入生产现场作业。

(2) 对输煤系统的环境卫生进行整理、整顿，杜绝现场出现积水、积煤等现象。

(3) 严格落实输煤系统点检定修管理制度，定期进行设备隐患、缺陷排查，并制定输煤系统设备整改计划。

(4) 加强电厂、部门、班组三级安全教育，脚踏实地地做好安全工作，积极有效地开展安全培训，全面提高员工安全意识。

案例三十二　放置皮带不稳货架上的皮带卷坠落造成人员砸伤致死事故

一、事故经过

2005 年 11 月 16 日上午 8 时 20 分，某电厂燃料检修二班班长张××带领赵××等 4 人整理该班组库房。在整理 3 号库房时，由赵××用叉车将 3 卷宽 1m、直径 1.62m、2t 重的输煤皮带放到了库房南侧高 1.7m 皮带架上（架子用 100mm 工字钢制作，宽 0.6 m，距离墙面 0.16m）。工作完成后，5 人又继续整理东侧架子下的托滚，将托滚整齐摆放到北墙架子下面。10 时 20 分左右，事前放在南侧皮带架上的一卷皮带落下，将赵××压在下面，其他工作人员立即用叉车将皮带抬起，将赵××救出，送往医院，经抢救无效死亡。

二、原因分析

（1）专责工兼叉车司机赵××在用叉车往货架上摆放重物（皮带）时，物品放置不当，未放平落实，加之墙面不平，且有一截突出的钢筋，造成物品（皮带）与墙面上方出现一定空档，使物品向货架外侧倾斜，处于不安全状态。由于重力作用，使物品重心逐渐偏离货架的支撑点，造成坠落，致人死亡。这是造成这起事故的直接原因。

（2）在放置皮带后，没有认真检查是否放置牢固。

（3）工作前没有认真开展危险点分析工作，对作业过程中存在的危险点认识不足。

（4）仓库中照明不足。

三、暴露出的问题

（1）工作人员安全意识淡薄，没有认真落实事故预想和危险点分析工作，安全技能不足，未能有效执行各项安全防范措施。

（2）工作人员技能水平差，工作随意性大，工作质量不高，现场缺乏监护。

（3）电厂安全教育不到位，未有效提高工作人员的自我保护能力和防范意识。

四、防范措施

(1) 立即开展一次对生产、后勤所有仓库、物料场的安全检查。物品的摆放要防止倾倒、坠落，以免损坏货物或伤人；要采取防止货架、货物倾倒引起连锁反应的措施；较大、较重的物品应放在较低的位置；特型物品尽量采用专用货架。

(2) 物品、材料的存、取作业，要摆放到位，放置稳固，对可能滚动、滑落的物品，要采取防滑、止挡措施。

(3) 认真开展一次全员的危险点分析与控制工作培训，进一步提高员工对作业现场危险点的辨识能力。

(4) 加强作业现场的照明及防护设施的管理。各单位要将生产现场、物资存储、办公等场所的照明、防护设施落实到人，明确日常检查、维护周期和标准。

案例三十三 某电厂输煤皮带机着火事故

一、事故经过

2007 年 8 月 26 日，某电厂燃料除灰部输煤专业运行四班当班，3 时 1 分，输煤二段值班员汇报调度输煤廊道有烟味，调度立即安排检查，发现 6/3 皮带栈桥有烟，随后值班员又汇报 6/3 皮带尾部导料槽子着火，调度立即组织人员救火，3 时 29 分，6/3 皮带火被扑灭。

二、原因分析

事后调出电视监控录像发现，8 月 26 日 1 时 48 分，6/3 皮带尾部除尘器风管开始往下掉火，2 时 22 分皮带开始着火。

分析认为，6/3 皮带机皮带从尾部除尘器风管至头部着火，主要原因是由于煤场取煤时，因烟雾大，视线不好，误将部分火煤取到皮带上，除尘器又将明火吸至风管内，管内的煤粉燃烧后落下到皮带上将皮带引燃。另外，由于电视监屏人员责任心不强，从火落下到皮带烧损有 1 个多小时的时间，没有按照规定利用电视监控进行巡视，造成火情发现不及时，致使事态扩大。

综上所述，造成该次事件的直接原因是从煤场误取部分火煤进入皮带系统引燃了6/3皮带。造成事件扩大的原因是输煤电视监屏人员不能及时发现火情，致使火势不能及时得到扑救。

三、暴露出的问题

（1）燃料除灰部输煤专业对输煤系统火灾预防控制措施执行不严，煤场取煤工作不认真，违背了禁止明火进入皮带系统的规定。

（2）电视监屏人员不能严格遵守《运行管理规程》，对停运皮带失去监视，没有及时发现火情，暴露出部分输煤电视监屏人员责任心差，纪律松散，工作敷衍了事。

（3）燃料除灰部输煤专业运行巡检管理制度执行不好，巡视值班员没有按照规定的时间进行巡检，巡检不到位，没有及时发现火情。

四、防范措施

（1）燃料除灰部输煤专业要严格执行输煤系统火灾事故应急处理预案，抓好防范措施的贯彻执行，火煤必须在煤场浇灭后再进入皮带，严禁将火煤取上皮带，以杜绝类似事件的发生。

（2）燃料除灰部输煤专业应加强日常安全管理，从职工思想入手，切实扭转职工责任心不强的不良观念，完善落实好各岗位巡检及防火责任制。

（3）燃料除灰部输煤专业要立即明确停运皮带巡视和电视监控具体规定，落实监屏人员和巡检值班员的职责，尤其是要强化责任，要加大对监屏人员和巡检值班员日常的督促、检查、考核力度，确保职责到位。

（4）燃料除灰部输煤专业、检修部电气专业要着手研究制定输煤廊道加装感温电缆报警及自动水喷淋装置实施方案。

（5）燃料除灰部输煤专业将部分消防箱位置改在廊道头尾及中部的安全门处，以便发生火灾时安全快速扑救。

（6）加强日常消防演练工作，特别是对正压呼吸器、防毒面具的使用演练，确保在事故情况下安全快速扑救。

案例三十四 某电厂管理松懈造成输煤皮带机皮带断裂事故

一、事故经过

2008年1月1日0时39分，某电厂输煤专业103燃料值班员在倒挡板时听到103皮带机发出“咔咔”响声，立即跑到103皮带机头部，发现皮带断了，皮带带着煤向下滑去，他立即拉绳停机同时喊调度停机。

停机后经检查发现，皮带在接口处横向断开，中间钢丝从接口处抽出，头部清扫器完好，皮带无刮痕。皮带断开后在重力加速度的作用下，将120m处皮带架子损坏四副。

二、原因分析

2007年12月13日，输煤专业通知检修公司，103皮带机皮带接口旁有两处破损，检修公司经检查发现破损处钢丝已经断裂，提出要进行修补。12月18日，检修公司开工作票进行挖补，19日挖补结束后，输煤专业主任、点检员分别到现场验收，发现在两个修补小口处的大接口往外冒水，进一步检查发现中间有部分钢丝已经断裂，必须重新接口，但103皮带机已经到限位，只能更换皮带。因检修公司刚刚成立，需要准备皮带、硫化装置等，因此双方决定暂时先运行，检修工作票回压。12月24日，皮带、硫化装置准备好后工作票重新解压开工，但此时正好赶上102皮带机2号电动机退备用，检修人员都在处理102皮带机2号电动机，因抽不出人更换皮带，工作票再次回压。12月28日，103皮带机检修工作票终结，检修工作负责人交待103皮带机检修完成，设备可正常备用。12月30日，102皮带机2号电动机恢复后正好元旦放假，检修公司没有在提出更换皮带。

综上所述，造成103皮带机皮带撕裂的直接原因为检修公司对设备存在的重大缺陷重视不够、处理不及时。输煤专业在设备存在重大隐患下运行没有采取相应的防范措施，没有及时督促检修公司处理缺陷是造成103皮带机皮带撕裂的间接原因。

三、暴露出的问题

（1）检修公司因刚刚成立，各项工作正在理顺之中，各级人

员对所属设备重视不够，工作不够积极主动，与输煤专业的沟通不够畅通。

(2) 检修公司部分职工没有从事过皮带检修，因此在处理故障时判断不准、办法不多，检修质量不高，不能够严格执行检修工艺。

(3) 检修公司节假日期间工作安排不合理，对重大设备缺陷重视不够，处理不及时，导致设备损坏。

(4) 输煤专业作为设备的使用方，没有很好发挥主人翁作用，对于检修公司及时处理设备存在的隐患督促力度不够，没有建立相应的制度和考核激励机制。

(5) 输煤专业不认真履行异常、缺陷管理制度，部分异常、缺陷不进行登录，对设备发生的缺陷麻木不仁，致使异常、缺陷消除不及时。

(6) 输煤专业已经发现了皮带接口存在问题，因不能够立即更换皮带而需要带病运行，但该专业没有采取相应的防范措施确保皮带安全稳定运行。

四、防范措施

(1) 检修公司要加强职工教育，转变职工观念，提高职工对输煤设备重要性的认识。要站在生存和发展的高度切实增强职工责任心和爱岗敬业精神，养成工作积极主动的良好习惯。

(2) 检修公司要加强职工专业技术培训，采取师傅带徒等办法，尽快提高职工检修技术。加强与输煤专业的沟通和联系，在技术、设备、人员上互相支持帮助，共同努力，全面提高设备的健康水平。

(3) 检修公司要提高对缺陷的重视程度，凡是涉及设备安全的重要隐患，不管是否节假日，都要及时进行处理，防止发生设备损坏事件。

(4) 输煤专业要切实发挥好主人翁作用，立即联系相关部门，制定检修公司设备检修管理制度，建立相应的考核激励机制，从而规范各项检修工作的开展。

(5) 输煤运行人员要严格执行设备异常、缺陷汇报制度，确保发现异常、缺陷及时，确保异常、缺陷处理、登录及时，从而避免设备损坏事故的发生。

(6) 输煤专业要与检修公司共同配合，在春节前对所有设备进行一次全面的检修，要排出检修计划，明确检修重点，落实责任人，形成检查、检修记录，确保春节期间设备安全。

案例三十五 设备缺陷未能及时消除造成碎煤机转子轴损坏事故

一、事故经过

2010 年 8 月 19 日，某发电厂燃料运行部燃料运行四班中班，19 时 20 分班长周××安排启用 2 号斗轮机经甲路上仓。21 时 36 分，甲碎煤机电流突然从 59A 升高到 116A，班长周××立即通知碎煤机值班员何××进行检查。21 时 53 分，何××从 3 号乙带赶到甲侧碎煤机处，检查发现甲侧碎煤机自由端轴承有冒烟现象，随即汇报班长周××停止了甲碎煤机运行；周××询问何××碎煤机就地轴温，何××汇报现场就地显示柜无显示。经检修人员对碎煤机自由端轴承座解体检查，发现轴承内、外圈断裂，锁紧垫圈断裂变形，锁紧螺母松脱，轴承内圈和轴表面熔合，轴承滚珠和内外圈均有部分粘接，转子轴必须返厂处理。

二、原因分析

(1) 从碎煤机轴承和轴的损坏现象分析，主轴与轴承内套完全粘接，已经形成了冶金结合，相当于发生了摩擦焊接，而一般摩擦焊接的温度在金属的超塑性区域，温度至少在 800℃左右。由此说明：转子的主轴与轴承内套发生了相对运动，才能产生摩擦并持续发热，温度逐渐升高，达到了摩擦焊接的温度。检查时发现轴承内套已开裂，有一条整齐的断裂痕迹，说明正是内套开裂导致主轴与轴承内套的紧力消失，主轴和内套因转速不同而产生了相对运动。轴承内套开裂的原因主要是锁紧垫圈使用时间过长，内爪疲劳断裂，从而导致锁紧螺母松脱，轴承滚珠与内外套表面发生滑动摩擦，滚珠发生黏着磨损，磨损引起轴承温度急剧上升引起内套开裂是引起该次设备损坏事故的根本原因。

（2）甲侧碎煤机自由端轴承温度从上升到轴承损坏，应有一个较长的过程，但燃料运行人员在此期间没有针对异常现象进行分析，巡检人员在对设备进行检查中，也未发现碎煤机轴承的任何异常，燃料部当值运行人员，对设备巡检不到位和应急处理不当，是导致该次设备损坏事件发生的主要原因。

（3）甲侧碎煤机的温度、振动监测传感器在2010年7月初就出现了故障，燃料部对甲侧碎煤机长期缺乏温度监测、振动保护，没有及时组织制定相应的技术防范措施，部门对设备缺陷管理跟踪不力，设备维护和运行管理工作存在疏漏，是导致该次设备损坏事件发生的直接原因。

（4）设备维护部热控专业在提交了备件计划后，无人对备件到货情况进行跟踪。该备件在2010年8月3日就已经到货并通过了设备维护部热控专业的验收，但设备维护部热控专业无人通知外委维护单位——××电建公司对该缺陷进行处理，致使甲侧碎煤机长期缺乏温度监测保护是该次设备损坏事件发生的次要原因。

（5）在甲侧碎煤机大修工作期间，外委维护单位——××电建公司和燃料部对已经长期使用的锁紧垫圈未进行更换，埋下了锁紧垫圈内爪疲劳断裂的隐患，生产技术部对甲侧碎煤机大修质量把关不严，是导致该次设备损坏事件的次要原因。

三、暴露出的问题

（1）部分运行人员工作失职，责任心不强。巡检人员对设备运行过程中的重要参数跟踪监视不到位，设备的运行工况掌握不全面。

（2）运行管理存在漏洞，一些运行人员对系统不熟悉，尤其是对设备保护投退情况不清楚，缺乏必要的警惕性。

（3）设备管理不善，未能及时消除缺陷。对存在安全隐患的设备没有及时组织制定相应的技术防范措施，检修部门对设备缺陷管理跟踪不力，设备维护和运行管理工作存在疏漏。

(4) 检修工作中对设备隐患不摸底，设备检修验收制度执行不严谨。

(5) 安全管理不善，对以往发生的多起类似事故未能及时组织深入调查分析，未认真吸取教训，保护装置投退不备案，未交底。

四、防范措施

(1) 要求燃料运行部加强对运行人员的责任心教育，强化规程学习和技能培训，要熟悉和掌握主要设备的定值及运行参数，切实提高对运行参数异常的判断能力和应急处理能力。

(2) 要求设备维护部、燃料运行部建立健全设备运行预案，对设备已经存在的隐患要采取有效、有力的措施进行整改；要高度重视设备的各种隐患排查，做好设备的定期维护保养工作；要完善设备的备件管理，对重要设备的备件库存情况做到心中有数，对提交的备件采购计划要随时进行跟踪。

(3) 要求燃料运行部维护班从思想上提高认识，对燃料系统发生的缺陷要不等不靠，积极主动做好跟踪和监督工作，避免发生日常工作没人管没人问，出了问题相互推诿的现象。对跨部门的缺陷，要及时做好沟通和协调工作。

(4) 要求生产技术部对重要保护长期退出运行的设备及时组织制定相应的技术措施，避免同类事件再次发生。

(5) ××电建公司项目部作为燃料系统的长期维护单位，要加强队伍建设，强化管理和技能培训，切实提高维护水平，同时要立足本职，千方百计地去思考问题、解决问题，从思想上、技术上、人员上达到维护工作的需要。

案例三十六 某电厂输煤皮带烧损事故

一、事故经过

2008 年 1 月 13 日 3 时 25 分，某电厂输煤集控调度值班员准备启动306皮带防冻，通知就地值班员赵××检查306皮带，汇报正常，可以启动，集控调度从微机单启306皮带机，微机画面显示306皮带机启动，集控调度接着单独启动305皮带机，但未成功，主调安排院外副调、值班员到305就地检查各个滚筒轴承冻凝情况。

4时，电视监屏员调出306皮带机头部摄像头，发现看不清，以为摄像头损坏，以前也发生过摄像头损坏事故，就没有要求就地值班员进行核实。

4时36分，输煤集控调度从微机中发现306皮带机停机，同时监屏员从电视监控中发现0号乙尾部导料槽往下掉火，当时判断306皮带机着火了，主调立即安排院外副调、值班员到306皮带机头部灭火。

4时40分，院外副调到达现场发现火已经着到室外，立即汇报集控调度要消防车。

4时41分，集控调度给消防队打电话报火警，要求立即出警灭火。

4时47分，消防车还没来，院外副调又立即汇报集控调度，集控调度再次给消防队打电话催促消防队快出警。随后，院外副调驱车到消防队催促快速出警。

5时，消防队3台消防车陆续到达现场，同电厂人员共同展开扑救，5时20分，306皮带机皮带明火被扑灭，5时40分，306皮带机余火全部被扑灭。

二、原因分析

经事后调出电视监控录像和现场勘察发现，3时25分，输煤集控调度从微机单独启动306皮带机，微机画面显示306皮带机启动，监控录像显示306皮带机驱动滚筒已转起，而306皮带没有运行。电视监控录像显示3时40分，驱动滚筒处冒烟伴有火光，接着浓烟滚滚，监视镜头无法看清。

13日晚，最低气温为零下38℃，306尾部滚筒和拉紧改向滚筒轴承润滑采用的是美孚力富220润滑油脂，推荐使用温度为

－40～180℃，而实际当环境温度降至零下 38℃时，润滑油脂已凝固，尾部滚筒和拉紧改向滚筒不转，当电动机启动时只有驱动滚筒转，而皮带因阻力大转不起来。

从 306 皮带启动到集控发现着火一个多小时的时间，306 皮带机就地值班员一直在 305 皮带机处，他没有及时发现驱动滚筒转而皮带不转及皮带着火这一险情。

电视监屏人员是刚刚上岗的女职工，在 306 皮带运行时调出一次监控画面，因当时画面看不清，加之经验不够丰富，没有及时准确地判断出火情。

事后与二期露天项目管理处和皮带厂家咨询，输煤二期选用的皮带是浙江双箭耐寒皮带，不是阻燃皮带；程控程序设计存在缺陷，程控单独启动单条皮带机时打滑保护不起作用，导致驱动滚筒转、皮带不转时打滑保护没有动作停机。

消防队在接到报警后，在电厂人员催促下，20min 才到达现场，消防队到达火灾现场速度慢，延误了救火时机，导致了火势蔓延扩大。

综上所述：

（1）造成本次事件的直接原因。二期输煤皮带滚筒轴承选用的润滑油脂，不符合寒冷地区环境温度的需要，导致尾部滚筒、拉紧改向滚筒轴承冻死不转、皮带不动，只有驱动滚筒转，致使驱动滚筒与皮带干摩擦产生过热起火。

（2）造成该次事件的间接原因。

1）306 皮带机值班员在皮带启动时，没有按照规定在现场监视皮带启动情况，并且从皮带启动到发现着火，一个多小时没有对 306 皮带机进行巡视。

2）电视监屏人员经验少，没有及时准确地判断出火情。

（3）造成该事件扩大的原因。二期输煤程控程序设计有漏洞，单独启动一条皮带时打滑保护不起作用。皮带选用的是耐寒非阻燃皮带。

消防队出警速度缓慢，导致了火势蔓延扩大。

三、暴露出的问题

（1）二期输煤室外皮带滚筒轴承选用的润滑油脂是美孚力富220润滑油脂，推荐使用温度为－40～180℃，不符合寒冷环境温度的需要，已经多次发生轴承冻死启动不了皮带现象。

（2）输煤二期没有按照设计规范和《防止电力生产事故重点要求》规定，选用阻燃皮带；二期输煤程控程序设计有漏洞，只有程控流程启动时才能记录启动信息，打滑堵塞保护才起作用。而单独启动一条皮带没有打滑、堵塞保护，不能够记录相关信息。

（3）输煤电视监屏人员刚刚上岗，经验不够丰富，没有见过火灾情景，不能够及时准确地判断出火险。

（4）输煤巡检值班员责任心不强，在启动皮带时不在现场，没有确认皮带已经启动就离开，而去做其他工作，没有按规定进行巡视。

（5）电视监控摄像头位置不当，灯光不足，录像效果差，给电视监控和事故追忆造成困难。

（6）输煤二期部分皮带机电动机电流没有显示，个别皮带机电动机电流显示不准确，运行人员无法监视皮带电动机电流变化情况。

（7）公司消防队反应迟钝，出警缓慢，对电厂各个防火部位不清楚，个别消防队员灭火技能有待提高。

四、防范措施

（1）燃料除灰部输煤专业要立即对二期室外轴承所用的润滑油脂进行核实，不符合规定的要立即更换，防止此类事件再次发生，并逐步按照皮带使用周期，更换耐寒阻燃皮带。

（2）检修部电检专业要立即对二期输煤程控程序进行完善，做到单条皮带启动也能记录启动信息，有打滑、堵塞保护。

（3）燃料除灰部要立即召开职工会议，提高职工认识，统一思想，明确责任，切实扭转职工责任心不强的不良观念，完善落实好各岗位巡检及防火责任制。

（4）输煤专业要进一步加强新上岗职工的专业技术培训，要将历年来输煤系统发生的不安全事件编成教案，使职工尽快适应岗位的需要。

(5) 燃料除灰部输煤专业要立即明确停运皮带巡视和电视监控具体规定，落实监屏人员和巡检值班员的职责，尤其是要强化责任，要加大对监屏人员和巡检值班员日常的督促、检查、考核力度，确保职责到位。

(6) 检修部电检专业要会同燃料除灰部输煤专业立即对二期位置不合理的摄像头进行调整，灯光不足的进行增加，摄像头不够的进行加装，确保能够充分发挥电视监控的作用。

(7) 检修部电检专业要立即对二期皮带机电动机电流进行校对，使微机能够准确显示电流数值，确保运行人员正确掌握和判断设备运行状态。

(8) 燃料除灰部输煤专业要立即完善输煤系统火灾事故应急处理预案，重点是组织职工进行演练，确保在事故情况下安全快速扑救。燃料除灰部列出消防演练计划，注重演练效果，增强职工防灾救灾的能力。

(9) 公司消防队要加强消防队员教育，提高生产现场救灾重要性的认识。要会同电厂有关部门，在消防队备有电厂重点部位和扑救通道示意图，使消防队员尽快掌握电厂各个重点防火部位，提高快速反应能力和扑火技能。

(10) 燃料除灰部输煤专业、检修部电气专业要着手研究制定输煤廊道加装感温电缆报警及自动水喷淋装置实施方案，并立即组织实施。

(11) 燃料除灰部输煤专业、检修公司要立即展开煤粉清理活动，要普查一期、二期积粉情况，列出清理计划，明确责任单位和责任人。此外，检修公司要加强动火工作管理，严格执行动火工作票管理制度，杜绝火灾事件发生。

案例三十七 某电厂输煤二期发生火险事故

一、事故经过

2008 年，某电厂在输煤二期设备没有代保管之前，由于煤粉进入加热板发生过热着火事件，因此二期落煤管加热板一直没有验收，一直没有投入使用，1月9日，厂家找到输煤运行专工提出加热板已经工作正常，要求验收加热板，输煤专业决定先投入加热板运行一周正常后再验收。

2008年1月10日18时30分，输煤、电检专业会同厂家陆续将二期加热板投入使用，同时要求就地值班员加强监视，发现问题及时汇报。

21时12分，M12皮带值班员汇报M12皮带头部落煤管煤粉着火，调度令值班员用雪先进行处理，点动下方皮带M13、M23皮带发现拉出导料槽的皮带上有着火煤粉，调度联系消防车灭火。消防车到后把火扑灭，M12皮带无损伤。

21时18分，301皮带值班员赵××巡检301皮带尾部时，发现有胶皮味，导料槽内部有烟，立即汇报调度组织人员处理，同时联系消防车。进一步检查发现，从301尾部落煤管往下掉火星，是M13皮带头部三通挡板加热板位置两侧壁大量煤粉着火，将301皮带点动，把着火煤粉拉出，用灭火器把煤粉表层扑灭，消防车到后彻底把火扑灭，检查301皮带烧焦破损4～5m。

23时10分，检查发现M23皮带头部三通挡板加热板包的铁皮变色，挡板两侧壁煤粉着火，往下掉火星，经过处理把火扑灭，调度安排电气把二期所有伴热电源拉开，传动皮带。

二、原因分析

为防止二期院外输煤系统三通挡板冻死，在三通挡板落煤管处加装伴热板。但为了降低造价，没有选用正规的靠空气对流加热的恒温加热板。

实际现场采用角钢做个四框，中间每格5cm装一个加热管，用保温层覆盖，外用白铁皮包边，在板块的中间加装一个测温点测加热板内空气温度，测温点被保温层包着。

温度控制仪上设定的温度为低于0℃启动，5℃停机，开始加温时，加热管的温度迅速上升，同时通过热辐射加热落煤管铁板，当落煤管铁板温度达到30℃时，加热管温度已经达到

400℃，而测温仪显示0℃，继续加热到测温仪显示5℃停止加热时，落煤管铁板温度达到60℃。因加热板安装质量差，角钢四框没有密封，漏风严重，测温点温度迅速下降到0℃以下，加热板自动投入，但落煤管铁板温度还没降下来，再次加热到5℃时，此时落料管铁板要比第一次高出10℃左右，这样循环加热，铁板被烧红，将衬板夹缝内的煤粉引燃。

此外，每个落料管共有8块加热板，而测温点只在一块板上，如果装有测温点的铁板保温不好，每次需要加热的时间就长，冷却快，循环加热周期短。但保温好的没有测点的加热板，铁板温度就要高出有测温点的铁板，达到几百摄氏度以上，将铁板烧红引燃煤粉，当时发现着火的部位加热板都没有测温点。

在二期设备没有代保管之前（指二期设备安装完成后尚未验收移交，业主方代施工方保管设备），已经发生过加热板内煤粉着火事件，原因是加热板安装质量差，角钢四框没有密封，与落料管铁板之间有很大缝隙，每次皮带运行时加热管处都要进去很多煤粉，加热板投入运行后，加热管温度升至300℃以上，煤粉就会着火。

综上所述，造成输煤二期设备多起火险烧坏皮带事件的直接原因是二期选用的加热板违反安全规定，不适合输煤系统使用，不符合现场实际。

三、暴露出的问题

（1）输煤二期设备选用的加热板不是密闭靠空气对流加热的正规恒温加热板，而是简单的加热管，不符合输煤现场安全管理规定，不符合输煤现场易燃易爆环境的需要。

（2）随着天气转冷，输煤系统部分设备逐渐投入使用，但燃料除灰部输煤专业各级人员对二期设备重视不够，认识不足，不能够全面掌握二期设备相关知识，对于新投入的运行设备，没有制定出相应的试运措施和防范措施。

（3）检修部电检专业对加热板研究不足，相关知识掌握不清，没有发现加热板存在的安全隐患，被动地按照厂家的要求投入加热板。

四、防范措施

(1) 输煤二期落煤管加热板立即停止使用，相关部门立即联系露天二期项目管理处，重新改造更换加热板。

(2) 燃料除灰部输煤专业各级人员要全面提高对二期设备的认识和学习，对于新投入的设备要制定试运方案，加强相关知识培训，落实责任，加强监视，确保设备不出现异常事件。

(3) 检修部电检专业要加强对二期设备的研究，要及时发现设备存在的安全隐患。尽快协助露天二期项目管理处研究更换新的加热装置。

案例三十八 某电厂输煤皮带机冒煤事故

一、事故经过

2007年1月10日9时5分，某发电厂输煤专业4号皮带栈桥分控室值班员金××发现程控PLC死机，无法操作，立即汇报调度赵××，调度赵××立即开始恢复。

9时6分，4号皮带栈桥巡检员杨××发现4号B皮带机慢下来，导料槽出口煤量很大，立即拉绳停机4号B皮带机并汇报分控室值班员。

9时7分，因PLC死机，画面无法监视3/2落煤斗煤位，4号皮带栈桥分控室值班员金××担心3/2落煤斗冒煤和煤都流到3/3B落煤斗，将3/3B落煤斗压死，立即急停3/2B落煤斗。调度赵××从电视监控发现3/2B落煤斗停机后，C3/1B、2B、1/1B落煤斗没有联锁停机，立即通知现场值班员拉绳停机，3/1B、2B落煤斗值班员魏××此时正在2B落煤斗中部，立即拉绳停机2B落煤斗，停完2B落煤斗后跑向3/1B落煤斗，到3/1B落煤斗尾部后发现3/1B落煤斗已经停机了，头部冒出大约30多吨煤，事后调查C3/1B落煤斗停运是外委公司卫生清扫人员发现头部冒煤后紧急拉绳停机的。

9时26分，程控PLC死机恢复，副调度邢××启动4号B皮带机上煤没启来，经现场值班员检查4号B导料槽煤已经满了，皮带压死，电气人员检查发现“过载保护”掉牌。

9时27分，调度联系值长紧急送4号A皮带机电源。

9时32分，启动主上煤A路、4号A路，恢复正常上煤。

11时25分，3/1B落煤斗煤清理完，恢复备用。16时5分，4号B皮带机煤清理完，恢复备用。

二、原因分析

事后调查分析认为，分控室值班员为了避免插板门粘煤，在煤还没到3/2落煤斗时将E12插板门开大，当往回关时程控PLC死机了，设备无法操作，这时煤已经到3/2落煤斗里，大量煤（1200t/h）直接通过落料管灌到4号B导料槽内，因4号B导料槽内有三道挡尘帘和一道扰流板将煤卡住，使皮带阻力增大，过载打滑皮带减慢，值班员拉绳停机，随后又急停3/2B皮带。

在输煤综合治理时，电气专业为了便于查找故障原因，解除了皮带就地联锁，只依靠程控联锁运行，当PLC死机后，程控联锁失灵，皮带不能联锁停机，从而造成了本次事件的发生。

综上所述，在PLC经常发生死机的情况下，电气仍依靠PLC程序实现联锁、跑偏、打滑、堵料保护，是造成3/1B落煤斗头部大量冒煤的根本原因。

输煤值班员不清楚PLC死机会造成联锁失灵，急停3/2B皮带，事故处理不当，是造成冒煤的又一原因。

三、暴露出的问题

(1) 输煤系统PLC自投运以来，经常发生死机造成程控系统失灵，但电气专业至今也没有找出原因、没有拿出解决办法，只是简单地恢复故障，暴露出电气专业主任及输煤程控班责任心差，业务钻研不够，对PLC死机会直接影响输煤系统安全稳定运行认识不足。

(2) 在PLC死机没有解决之前，电气专业应定期对系统运行故障记录进行清除，避免PLC死机，但该专业没有做到定期清除，也没有落实相关的责任人，暴露出电气专业及输煤程控班责任没有落实到位，工作安排不细致，工作随意性大。

（3）在输煤系统改造和故障频发前，为了便于查找故障原因，暂时将就地联锁解除运行。目前，输煤系统改造已经结束，设备故障原因已经查清，但输煤系统就地联锁仍然解除运行，暴露出燃料除灰部主任及输煤专业主任、输煤运行专工、调度和电气专业主任及输煤程控班工作不主动、不认真，积极性差，安全意识淡薄。

（4）输煤专业针对PLC死机程控系统联锁、跑偏、打滑、堵料保护失灵，没有采取相应的运行防范措施，暴露出燃除部、输煤专业对设备安全没有认识到一定高度，燃料除灰部主任及输煤专业主任、输煤运行专工、调度对PLC死机会直接影响输煤系统安全稳定运行认识不足，责任心差，运行及保护、联锁管理不到位，事故预想能力有待提高。

（5）输煤值班员不清楚当PLC死机后，就地联锁没投，系统是不能够实现联锁停机的，暴露出输煤专业日常培训流于形式，职工培训力度不够，培训效果差。

（6）输煤专业日常安全检查流于形式，对相关危害输煤系统安全稳定运行的重大隐患没有及时得以查处。

（7）当系统设备发生故障后，输煤调度、值班员事故处理混乱，不能够严格遵守安全管理规定和相应的事故处理预案；设备异常停运后，在尚未确定原因和就地检查的情况下强行启动跳闸设备，暴露出输煤专业部分职工事故发生后头脑不冷静，事故处理水平低，保护输煤皮带安全的相关预案有待于完善，输煤专业日常培训、演练不到位。

四、防范措施

（1）电气专业要立即组织相关专业人员分析PLC死机原因，拿出解决办法，从根本上彻底消除这一安全隐患。同时，电气专业加强技术管理，及时发现并消除设备隐患，对于不能解决的技术难题要及时备案及时汇报，通过技术攻关、联系厂家、请教有关专家等方式尽快彻底解决。

(2) 电气专业要立即将现场就地联锁投入运行，同时要研究跑偏、打滑、堵料保护等直接引入到程控系统，拿出防范措施，且要严格执行保护投退制度。

(3) 在PLC死机没有解决之前，电气专业按给定方法对输煤专业运行人员进行程控系统运行故障记录清除培训，输煤专业落实专人进行每次皮带启动前的故障记录清除工作，并做好日常监控，电气专业每天做好检查。

(4) 电气专业要将死机报警信号在微机画面上做得明显些，死机后应发出声光报警，便于监屏人员及时发现PLC死机情况，缩短事故处理时间。

(5) 输煤专业、电气专业要认真分析PLC死机程控系统联锁、跑偏、打滑、堵料保护失灵可能发生的事故，制定相应的运行防范措施，执行定期保护、联锁传动、试验制度，厂部将对培训、执行情况进行监督考核。

(6) 输煤专业、电气专业加强协作，组织相关人员认真讨论分析设备可能发生的事故，结合历年来发生的不安全事件，对现场进行一次普查，制定出各类隐患消除、防范的具体措施和可能发生事故的应急处理预案，做到措施、预案落实，确保人身、设备安全。

(7) 输煤专业要加强职工技术培训工作，结合输煤实际制定针对性的培训计划，特别是要加强输煤运行人员对设备系统合理的操作方法和保护联锁等电气知识培训，提高培训质量，保证培训效果，以满足安全生产的需要。

(8) 输煤专业要加强调度管理，规范调度行为，严格执行汇报制度，提高调度业务水平，满足生产指挥的需要。

案例三十九 某电厂发生一起擅自解除输煤皮带机保护事故

一、事故经过

2006年11月26日上午，某电厂安监科对在燃料运行部输煤专业皮带配电室进行检查的过程中，发现部分皮带机的堵塞保护和打滑保护被解除，接线已从继电器上拆开，保护失去作用。

经调查，输煤系统皮带机五项保护中共计有 78 个堵塞、打滑保护被解除，其中 2006 年 11 月 13 日输煤程控班组在进行输煤皮带部分堵塞保护程序改造工作过程中共计退出了 57 个堵塞、打滑保护，退出工作未执行任何手续，也未向电气专业、输煤运行专工及输煤调度做任何交代，而且在程序改造结束后又未能及时恢复投入使用。另外，还有 11 个堵料保护、10 个打滑保护在日常处理故障时被解除，解除后也没能及时投入。调查中还发现输煤程控班对输煤系统皮带机保护的投退情况没有任何记录记载，具体保护投退统计不清楚。

由于输煤皮带堵塞和打滑等保护长期解除，已经对输煤皮带安全稳定运行带来了严重的不良后果，例如：2006 年 11 月 8 日，输煤 4/2 皮带机 26 号斗子冒煤将皮带顶死，打滑保护被解除没有停机，使电动机驱动滚筒持续运行了 8min，险些将皮带磨断。4/2A 皮带打滑将尾部落料管堵死，堵料开关被解除未动作，造成了 3/3B 皮带头部大量冒煤，电动机过负荷跳闸；11 月 24 日，输煤 209 皮带机打滑、堵料保护被解除，造成了 209 皮带机尾部大量跑煤、208 皮带机头部冒煤。

二、原因分析

(1) 输煤程控班组习惯性违章行为严重，以部分皮带机的堵塞保护和打滑保护开关频繁误动作影响设备的正常运行为由，未经相关专业和领导同意擅自解除保护装置，安全意识淡薄，这是主要原因。

(2) 电气专业对保护投退管理不严，未及时跟踪设备保护的运行情况，管理水平低下，监督失位，这是次要原因之一。

(3) 规章制度的执行不严格，管理人员缺乏防范意识，忽视了保护的重要性，这也是次要原因之一。

三、暴露出的问题

(1) 检修部电气专业日常管理混乱，特别是对输煤系统相关的电气保护管理失去监督，专业管理有待于加强。

（2）班组在保护投退的管理方面存在严重问题，执行情况较差，对皮带保护的投退从思想上重视程度不够；对保护退出可能引发的事故没有进行深入研究分析，缺乏全局观念，安全意识淡薄。

（3）输煤程控班未能严格执行厂部关于保护投退申请规定，执行保护投退的随意性大；在没有履行任何手续和检修交代的情况下，擅自解除皮带机的保护，给皮带的安全运行带来极大的隐患。

（4）部分职工缺乏工作责任心，检修水平低下，在保护装置出现故障时，不能从根本上查找设备的故障原因来进行分析并且彻底解决处理，而是逃避问题；不能真正理解厂部彻底治理设备的决心和用意，不敢暴露问题，回避考核。

四、防范措施

（1）检修部电气专业要加强输煤系统电气保护等相关专业管理工作，及时组织输煤程控班组专门召开会议认真吸取教训，让班组所有成员了解保护解除带来的安全隐患和后果，深入查找问题出现的根源。同时认真组织班组成员学习厂部关于保护投退的有关规定和要求，严格执行保护投退会签审批制度。

（2）针对已解除的堵塞和打滑等保护，认真分析保护被解除的原因，提出恢复方案；对于保护经常误动作的设备召开专题讨论，认真研究分析，提出可行性方案后实施恢复。

（3）班组加强对日常保护的巡检工作，建立保护投退记录，并定期进行传动试验，检查保护动作情况。

（4）加强职工的思想教育，改正不良工作习惯和作风；同时加强班组技术培训工作，提高职工的检修水平和技能。

（5）加强班组管理，明确责任和考核制度。

案例四十 某电厂误操作引发人身伤亡事故

一、事故经过

2000 年 8 月 7 日 8 时 30 分，某发电厂燃料运行部燃料运行三班上学习班，班长陈×按运行专工的安排布置了工作。安排本班的张××、王××、高××到3/1皮带安装托辊。三人从检修班找到托辊，用自行车推到3/1皮带。8时40分左右，张××到3/1皮带头部找运行值班员，告诉当班（四班）值班员毕××：“我们要在下面安装托辊，启动皮带前告诉我们一声”。毕××说：“离的这么远，我拉铃声通知你们行吧?”张××说：“行，多按几次铃”。随即张××和另外两人到3/1B皮带开始工作。毕××回到值班室也未向集控室汇报有人工作。当张××、高××、王××三人安装完几个斜托辊后，发现在3/1B皮带门形构架附近的水平托辊掉落。于是王××先爬到回程皮带上开始工作，因工作区间不便，高××也爬到回程皮带上和王××一起工作，两人头顶着头仰面躺在回程皮带上。张××在外面作为监护用脚踩着皮带事故拉线。

9时20分左右，集控室主值通知3/1B皮带值班员毕××，要求其启动3/1B皮带给锅炉上煤。毕××走出值班室，向3/1B皮带尾部看了看，未发现有人，就按了三下启动按钮，将3/1B皮带电动机启动。

此时正在干活的三个人听到了铃声，张××告诉王××、高××两人要启皮带了，赶快出来。当王××、高××两人反过身要往出爬时，皮带已启动，张××又踩了几下拉线，看皮带未停，跑向头部，在距毕××约30m时，告诉毕××：“出事了，快停皮带”。毕××将皮带停止，两人跑到出事地点，发现王××、高××两人已从回程皮带上掉下来。立即通知班长陈×等人用车将两人送到医院，其中高××因伤势过重在到达医院时已死亡。王××全身多处骨折，皮肤被皮带磨破多处。

二、原因分析

(1)“两票三制”执行不力，缺少相应安全工作检查监督机制。检修工作无票作业。严重违反《电业安全工作规程》热力机械工作票制度的补充规定。

(2) 各岗位人员安全生产责任制落实不到位，对无票工作没有提出制止，未尽到自身安全职责。既未在开工前按《电业安全工作规程》要求执行安全措施，检查安全措施执行情况，办理工作许可手续，也未在就地进行监护。

(3) 检修人员开工前未有采取任何安全措施，也未要求运行人员采取在运行操作调整上采取安全措施。

(4) 运行人员对检修人员工作时间未掌握，不能根据本次作业的危险点而采取有效措施以保证人身安全，也没有采取保护检修人身安全的意识。

三、暴露出的问题

(1) 工作责任心极差，当班运行值班员明知有人工作，未确认工作是否结束，工作人员是否撤离，不亲自到就地检查巡视，也不向当班主值汇报，就启动设备，属严重违章操作。

(2) 部门主任擅自决定将检修工作改由运行进行，工作随意性大，责任心差，不深入现场、不履行自己的安全第一责任者职责。

(3) 职工的安全意识不强，自我保护意识差，只是盲目的干活，不遵守《电业安全工作规程》的规定，违章作业。

(4) 职工技术素质差、安全教育效果不佳。技术培训、安全教育流于形式。

(5) 安全管理基础薄弱，安全监察不到位，各种规章制度不能真正落到实处，“两票”管理流于形式。

(6) 各级领导责任心差，安全生产责任制得不到很好的落实。

四、防范措施

(1) 加强职工思想教育，特别是爱岗敬业和主人翁精神的教育，提高职工思想道德水平和工作责任心。

(2) 加强生产指挥系统的工作程序的管理，杜绝工作的随意性。加强对各级人员安全生产责任制的落实的监督工作。

(3) 加强对职工的安全教育和技术培训，提高广大职工的安全意识和技术素质。

(4) 在全厂范围内开展一次以“四查”为主的安全大检查，重点是“两票三制一参数”的落实情况，对领导失职、制度不落实、安全意识淡薄、安全措施不到位的单位和有关责任人限其立即整改，整改不认真不彻底的，追究有关领导及个人的责任。

(5) 立即将换皮带托辊的工作改由检修进行，并严格按《电业安全工作规程》要求办理工作票。

(6) 立即对其他单位，其他工作进行检查，存在的类似问题，立即制止，并限令整改。

案例四十一 某发电厂发生一起输煤皮带着火事故

一、事故经过

2005 年 4 月 10 日，某发电厂燃料部，输煤运行前夜班，值班员接班后各岗检查设备未见异常，调度孙××下令启动二流程上煤，系统运行一切正常。

2005 年 4 月 10 日 19 时 10 分左右，102 皮带机值班员温×与 102、103 皮带机驱动间值班员宁××同时开始巡视分管设备。

19 时 34 分，温×巡视到 102 皮带机涵洞西侧时，发现 102 皮带机头部往外冒黑烟，立即拉绳停止皮带机运行，用对讲机汇报调度孙××，并快速跑向 102 皮带机驱动间。到达 102 皮带机驱动间时，发现浓烟太大无法进入，此时在 103 皮带机驱动间的宁××也闻讯赶到 102 皮带机驱动间。

19 时 35 分，调度孙××报火警，并同时联系煤矿消防调度出水车，令电气运行人员停止 102 皮带机动力电源，并令各岗检查管辖设备状况。

19 时 45 分，消防车和露天矿水车相继到达现场，分别从 102 皮带机头部窗户和 102 驱动间窗户浇水灭火。

19 时 55 分，明火扑灭，运行人员进入现场检查 103 皮带尾部正常，102 皮带机驱动间 4 号滚筒筒体一端开裂，该滚筒上部皮带和 102 皮带机头部皮带烧损约 10m，皮带撕裂约 20m，撕裂皮带卷在拉紧小车的滚筒里，损坏皮带全长共计约 30m；拉紧小车钢丝绳导向轮机架开焊变形。

20 时 15 分，组织人员清理现场开始抢修。

二、原因分析

(1) 102 皮带机驱动间 4 号滚筒筒壁为嵌套焊接式，并非整体结构。分析认为，长时间运行导致筒体胶层下面的焊接部位开裂，筒体与机架瞬间脱开，致使运行皮带严重跑偏卷入拉紧滚筒，皮带与滚筒另一侧的紧力急剧增大，驱动滚筒与皮带相对摩擦使皮带急剧升温着火。因此，102 皮带机驱动间 4 号滚筒焊接部位开裂是造成该次事件的直接原因。

(2) 102 皮带机驱动间 4 号滚筒筒壁为嵌套焊接式，违背设计原则，存在原始制造缺陷，是造成该次事件的根本原因。

三、暴露出的问题

(1) 部分设备存在的原始缺陷、隐患没有被认知，技术监督工作还需要进一步深入，科学的检测缺陷手段还需要与实践进一步结合。

(2) 事故预防预控工作开展不够全面、细致，还需进一步加强。

(3) 输煤皮带系统消防安全设施不完善，说明消防安全管理工作还存在漏洞。

(4) 对设备使用寿命没有认真统计，对寿命即将到期有可能造成的危害认识不足。

(5) 102 皮带机驱动间 1～3 号电动机在皮带故障时没有跳闸。

四、防范措施

(1) 立即对同一时期同一厂家安装的同类型滚筒进行普查，及时发现并消除隐患，提高设备的可靠性，避免同类事件的发生。

(2) 各部门立即开展设备使用年限、运行时间的统计工作，加强设备分析，并根据运行状态开展定检工作。

(3) 燃料除灰部立即对滚筒机架等可能因跑偏引起皮带撕裂的部位加装防撕裂装置或跑偏开关保护。

(4) 燃料除灰部立即修订、完善皮带着火紧急处理预案，预案要明确相关专业应该配备的防护用具、物资材料等，指定存方地点，并设专人保管。

(5) 对滚筒机架等可能因跑偏引起皮带撕裂的部位加装防撕裂装置或跑偏开关保护。

(6) 对所有皮带的打滑保护进行校验，发现问题立即处理。

(7) 皮带系统安装感温感烟报警装置和灭火装置，预知皮带着火前兆，对火灾事故进行有效预防和控制。

(8) 对 102 皮带电动机保护进行校验，认真分析、查找电动机未跳闸的原因。

(9) 组织职工对该次火灾事故认真学习和讨论，吸取事故教训，增强安全防范意识。

案例四十二　某电厂输煤皮带损坏事故

一、事故经过

2006 年 1 月 16 日后夜班 0 时 20 分，某电厂输煤运行值班调度员孙××组织启动输煤系统二流程上煤，运行情况正常。

2006 年 1 月 16 日 6 时左右，204 皮带机运行值班员李×到驱动间 4 号滚筒处清理积煤，当刚刚装完第一车煤时，抬头发现 2 号滚筒到 3 号滚筒之间的回程皮带有口子，迅速跑到机头，拉线停机。此时，调度孙××在调度室微机画面上发现 204 皮带停运，有拉线故障，于是用对讲机询问 204 皮带机值班员李×，李×汇报说发现 204 皮带有口子，拉线停机了。调度员孙××一面立即通知输煤院外副调度到 204 皮带现场检查核实情况，一面要车去 204 皮带现场，同时通知正在 1 号破碎机处理故障的检修人员到 204 皮带现场检查。204 皮带故障发生后，调度孙××、副调度李××、检修人员毛××和 204 皮带机值班员李×共同对

204 皮带进行了全面系统的检查，检查结果是：204 皮带上无压煤、中后部位皮带口子很多、头部皮带外观良好（事故后厂部检查，发现皮带已全部损坏）；各个清扫器无损坏、落料管和导料槽衬板正常、导流板正常、托辊无脱落、无外来异物（铁器、泥岩等）；驱动间 3 号滚筒螺旋清扫器清中间粘煤，粘煤最宽和最高处的尺寸约有 70mm×40mm，所粘煤存在一断口。为防止皮带带走异物，对流程上其他皮带造成损坏，副调度李××安排 202、203 和 102 各个皮带运行值班员对皮带进行检查，均未发现异常。

7 时 6 分，输煤调度值班员孙××将皮带故障情况汇报值长。8 时，在检修人员将皮带机头部清扫器摘除的情况下，再次启动 204、203、202 皮带和 2 号破碎机运行，拉空压煤，防止压煤冻结。

二、原因分析

（1）事故后将表面完好的皮带解体，发现皮带内的钢丝不同程度地存在断裂、变形现象，断裂处为明显的旧痕。

（2）该电厂处于高寒地区，加之 16 日夜气温骤降为－39℃，从而导致皮带内的钢丝处于冷脆疲劳阶段。

（3）皮带在 0 时 20 分至 6 时之间连续运行，频繁往复经过中间部位粘煤的 3 号滚筒，致使皮带应力增大，皮带内钢丝损伤加剧。

综上所述，204 皮带故障的根本原因是皮带质量差；直接原因是 3 号滚筒粘煤严重，导致皮带损伤加剧；主要原因是输煤专业吸取以往教训不够，采取防范措施不力，对已经出现的异常处理不及时。

三、暴露出的问题

（1）在生产出现严重异常的情况下，当班调度没能按规定及时汇报各级管理人员和职能部门，没能保护好事故现场。

（2）在皮带故障情况下，204 皮带机值班员没有用 4 号滚筒旁边的事故紧停按钮停止皮带运行，而是舍近求远地跑到皮带机

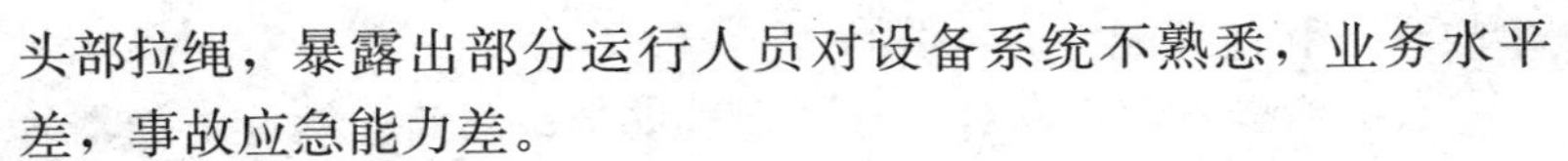

头部拉绳，暴露出部分运行人员对设备系统不熟悉，业务水平差，事故应急能力差。

（3）输煤专业没有明确规定严冬季节时的设备重点检查项目，尤其是没有规定严冬季节时室外皮带系统的重点检查项目，导致皮带值班员巡视检查没有重点，导致低气温情况下3号滚筒粘煤严重、损坏皮带的事故发生。

（4）输煤专业曾经出现过由于皮带滚筒粘煤而发生皮带撕裂的事故，但该专业没能吸取事故教训，没能落实针对性的防范措施，导致同类事故重复发生，暴露出专业管理存在漏洞，相关管理人员的安全职责没有落实到位，责任心差。

（5）皮带滚筒处的螺旋清扫器设计不合理，致使滚筒中间部位粘煤严重，影响皮带使用寿命。

（6）204皮带发生故障后，运行和检修人员在皮带没有停电的情况下钻入尾部导料槽进行检查，极可能引发人身事故，暴露出输煤职工安全意识极其淡漠，自我防范能力差。

（7）输煤调度大账记录204皮带机故障情况时不仅有刮改现象，而且记录极其简单，暴露出输煤运行管理不规范，记录管理存在漏洞。

四、防范措施

（1）今后发生二类障碍以上事件，当班值长、调度必须立即汇报相关领导、厂部值班人员、安监科、生产技术科，并由当班值长、调度负责保护好事故现场。

（2）输煤专业立即修订运行规程，明确皮带系统全部检查项目，尤其是要明确严冬季节时的重点检查项目，确保重点检查和一般检查相结合，确保隐患异常发现、处理及时。

（3）输煤专业要加强全体运行人员的制度、规定培训工作，确保职工清楚、掌握厂部管理规定，确保职工在实际工作中严格执行厂部安全技术管理规定。

（4）输煤专业要加强专业技术培训工作，制定详细可行的专业培训计划，努力提高职工业务素质，增强职工隐患鉴别能力、事故预防和处理能力。

(5) 输煤专业立即对室外同型号皮带、滚筒、螺旋清扫器等进行详细普查，发现问题立即处理，避免同类事故重复发生。

(6) 输煤专业尽快收集历年来冬季发生的皮带系统故障，科学归类，认真总结分析，制定切实可行的预防控制措施。

(7) 输煤专业立即改造螺旋清扫器或制定滚筒的粘煤清理办法，确保室外皮带机滚筒粘煤清理及时，隐患消除及时。

(8) 输煤专业立即开展职工安全思想整顿工作，提高职工对安全生产极端重要性的认识，增强职工的安全意识和自我防范意识。

(9) 做好各项记录管理工作，尤其是要规范好运行记录管理工作，杜绝随意涂改、造假等行为的发生。

(10) 输煤专业尽快制定室外皮带机改造方案，原则是减少皮带工作面与滚筒的接触，解决滚筒粘煤损坏皮带的情况。

案例四十三 某电厂输煤皮带长期跑偏造成皮带撕裂事故

一、事故经过

2006 年 9 月 5 日，某电厂输煤运行三班白班，接班后，七流程上煤，检查发现 0 号甲皮带依然存在跑偏及在 11 号滚筒处磨轴承座、在驱动间处磨楼板情况。

10 时 20 分左右，0 号皮带值班员向调度汇报，0 号甲皮带头部 1 号滚筒部分包胶脱开（此开胶情况已发生多日，因运行方式不允许，没有处理）、皮带边缘有 300mm 钢丝头裸露，当时因煤斗煤位较低，调度考虑给锅炉上煤，要求值班员加强巡检，皮带继续运行。

10 时 55 分左右，在 109 配电室工作的电气副主任和一名检修工闻到一股烟气焦煳味，他们立即跑到 0 号皮带尾部，发现 0 号皮带栈桥内有浓烟，立即拉 0 号甲皮带拉线紧急停机，停止 0 号皮带机运行。此时，从 208、209 运转站配电室巡检回来的 0

号甲皮带值班员也赶到现场。

经事后检查发现，0 号甲皮带边缘被纵向刮撕掉了长约 170m、宽 100mm 的皮带条。撕掉的皮带条长短不一地缠绕在尾部滚筒上，有约 50m 一段掉落在地面上；另外，0 号甲皮带尾部皮带清扫器已被皮带戗扯移位，被皮带条缠绕在尾部滚筒上，已经严重变形。

二、原因分析

事后调查发现，0 号甲皮带长期跑偏没有根治，1.6m 宽的皮带两侧边缘大部分已经被刮掉，最窄的现在只有 1.2m 宽。皮带多处有 300mm 左右长短不一的钢丝头裸露，且多处有豁口。

分析认为，运行中的皮带跑偏，在驱动间 11 号滚筒处磨轴承座和出驱动间时磨楼板，将钢丝头裸露处或皮带豁口刮开，刮开后经过托辊的碾压变长，到尾部清扫器时由于相对间隙较小，阻力较大，夹到清扫器下，造成清扫器受力开焊，带着刮下的皮带卷到尾部滚筒，刮开的皮带将清扫器缠绕在滚筒上，直到皮带接口处才断开。

经以上分析和皮带损坏情况认为，该次事件直接原因为皮带机长期跑偏，将钢丝头裸露处或皮带豁口刮开，造成清扫器脱离原位，刮开的皮带缠绕在尾部滚筒上而引发皮带刮损加大事件。

间接原因为燃料除灰部输煤专业对皮带长期跑偏危害性认识不足，没有及时采取有效措施处理。

三、暴露出的问题

（1）燃料除灰部输煤专业设备管理不力，对设备缺陷隐患的危害性认识不足，诸如皮带长期跑偏、皮带出现豁口、钢丝裸露头等情况不能得到及时有效处理。

（2）燃料除灰部输煤专业运行管理不力，事故预想不够，对可能发生问题的隐患没有采取必要的防范措施；部分运行人员的专业技术水平差、责任和安全意识淡漠，对故障的判断、认识和处理能力有待于加强。

（3）输煤专业 0 号甲皮带两侧边缘大部分已经刮掉，但该专业没能吸取事故教训，没能落实针对性的防范措施，导致同类事故重复发生，暴露出专业管理存在漏洞，相关管理人员的安全职责没有落实到位，责任心差。

四、防范措施

（1）燃料除灰部输煤专业加强专业技术管理和培训工作，对长期存在的设备隐患，加大技术攻关力度，采取有效的处理和防范措施，杜绝类似事故的重复发生。

（2）注重日常工作中的责任和安全教育管理工作，进一步提高运行、检修人员的专业技术水平和安全生产的责任意识。努力提高职工业务素质，增强职工隐患鉴别能力、事故预防和处理能力。

（3）对所有皮带进行钢丝探伤工作。

（4）对0号甲皮带所做的工作：

1）立即把皮带豁口修成圆弧状。

2）滚筒包胶根据皮带工况进行处理。

3）对回程跑偏托滚立即安排恢复。

4）运行中发现皮带甩出钢丝头，及时停运设备处理，避免事故扩大。

5）在皮带未完全处理好之前，加大巡检力度，死看死守，避免类似事故再次发生。

6）立即展开专题攻关研究解决0号甲皮带跑偏问题。

案例四十四 运行人员责任心不强造成原煤仓空仓事故

一、事故经过

某发电厂2007年8月3日3时18分～4时18分，2号炉A～D仓运行，在此期间2号炉A仓间断断煤，B仓一直断煤，C仓间断断煤，D仓没有出现断煤现象。2号机组出现断煤前负荷为300MW，断煤期间集控运行人员投油稳燃，2号机组负荷最低降至210MW，共耗燃油12t。

二、原因分析

针对2号炉空仓事件，生产技术部组织燃料运行部、发电部相关人员进行了分析：

（1）燃料运行部运行人员对锅炉各原煤仓煤位情况不了解，对2台机组负荷运行情况及所需燃煤耗量情况掌握不够，对现场设备情况不清楚，未及时调整上煤方式以保证上煤。燃料运行部运行人员责任心不强，没有合理安排运行方式是造成此次事件的主要原因。

（2）煤中杂物多，筛煤机清理工作不到位，引起倾斜式筛煤机频繁跳闸影响上煤量，是造成此次事件的原因之一。

（3）集控值班人员对原煤仓煤位监视不到位，值长对燃料上煤工作监督不力也是造成此次事件的原因之一。

三、暴露出的问题

（1）值班人员责任心差，思想麻痹大意，操作程序混乱，工作技能欠缺，对各原煤仓煤位没有及时查询，无法统筹兼顾。

（2）电厂培训工作不扎实，没有突出岗位培训的特点，缺乏相应的专业技术内容。造成运行人员经验不足，在设备频繁跳闸的情况下应变能力差，综合分析、判断能力不够。

（3）生产现场的安全管理和安全监督不到位，管理人员未及时发现隐患，也未能及时启动应急预案、采取防范措施。

（4）值长对机组运行过程中的重要参数跟踪监视不到位，掌握机组的运行工况不全面，未对燃料上煤进行有力监督。

四、防范措施

（1）燃料运行部、发电部要针对此次事件进行认真分析，查找隐患，堵塞漏洞，防止类似事件的再次发生。

（2）其他单位要吸取教训，结合安全生产隐患排查治理专项行动，认真查找隐患，及时整改。

案例四十五　某发电厂检修违规作业引发人身触电死亡事故

一、事故经过

2006年8月15日下午15时45分，某发电厂燃料运行部，输煤电检班班长带领一名检修工到4号煤场检查4号灯塔照明情况。合上灯塔照明电源开关，发现灯塔11盏灯均不亮，于是断开照明电源。班长将临时试验灯具接入第一个整流器回路，检查整流器是否完好，双方确认线接好后，检修工合上开关，试验灯泡亮，确认第一个整流器工作正常。同样的方式进行第二个整流器试验，发现第二个整流器有故障。随后进行第三个整流器检查，将试验灯具接入第三个整流器回路，双方确认线接好后，班长告诉检修工送电。检修工合上开关送电后，回到班长身边查看试验灯具是否亮，刚到班长身边就听见班长“啊”的一声并倒在煤堆上，检修工发现有一根导线粘在班长手上，随即揪开导线，确认班长脱离电源后，呼叫附近人员帮助一起抢救，并拨打120急救。该名检修班班长被送往医院，抢救无效于16时47分死亡。

二、原因分析

现场检查发现：正在试验的整流器零线端子松动。从现场情况及检修工对工作过程和班长触电后抢救过程的回忆，初步分析原因为：在检修工合上开关后，班长发现灯具不亮，擅自从端子排解开零线检查接线情况时（试验灯具火线未解开，零线带电）不慎触电，造成班长触电身亡。

三、暴露出的问题

（1）工作人员安全意识不强，没有充分认识到低压照明回路触电的危险性。

（2）自我安全防护意识淡薄，没有穿绝缘鞋。

（3）在实际工作中没有按照规定进行工作前验电工作；同时作为输煤电检班的班长应承担该次工作的监护责任，但在实际工作中，却未按此进行分工，也为事故的发生埋下隐患。

（4）电厂重视对主设备的管理，却放松了对辅助设备的管理，致使在管理上出现死角，存在漏洞。

四、防范措施

（1）进一步落实安全生产责任制，落实设备主人管理制度，

确保在生产中不走过场、不流于形式，杜绝人身伤亡事故等不安全事故的发生。

(2) 加强对员工的安全法制教育和操作技能的培训，进一步提高安全意识和工作技能，要严格执行《电业安全工作规程》和有关规定以及各项规章制度。

(3) 加强劳动防护用品使用的监督检查，进入现场作业必须按《电业安全工作规程》要求着装。

(4) 进一步加强“两票三制”管理。

(5) 各单位针对上述暴露的问题进行一次安全检查，尤其是要注意检查煤场辅助设备容易被忽视的场所，落实设备各责任人。检查要做到不留死角，不留后患，对发现的安全隐患要立即整改。

案例四十六　发现隐患不及时造成皮带断裂事故

一、事故经过

2007 年 7 月 24 日，某电厂燃料运行部燃料运行人员巡检发现 4 号甲皮带有一段中间开裂，××公司项目部办理工作票后于 24 日下午至 27 日上午完成了皮带的检修工作，在检修过程中，燃料运行部派人进行了跟踪监督。

7 月 27 日 11 时，4 号甲皮带试运后××工作人员注销工作票，4 号甲皮胶带机投入运行，12 时运行人员发现 4 号甲皮带机头部新胶接的一段皮带断裂。燃料运行部、生产技术部以及××公司项目部检查后，组织相关人员进行设备抢修。7 月 28 日下午完成了第一个胶接头的相关工作，29 日凌晨 3 时左右××工作人员在拉皮带时，该接头再次断裂。截至 31 日 9 时，该段皮带才具备投运条件，停用时间达 93h。

二、原因分析

针对两次皮带断裂的情况，生产技术部于 7 月 29 日上午组织燃料运行部以及××公司项目部相关人员对现场进行了取证并就产生的原因进行了分析：

(1) ××公司项目部施工人员在整个施工过程中，技术力量严重不足，没有按照皮带胶接、硫化工艺进行施工，是造成此次事件的直接原因。

(2) 燃料运行部维护人员在监督中没有及时发现存在的隐患，同时在设备试转中，××公司项目部工作人员、燃料维护人员以及运行人员没有认真按照规定对设备检修后的质量进行验收，是造成此次事件的次要原因。

三、暴露出的问题

(1) 燃料运行部管理失位，以包代管，未对分包队伍认真进行资质审查，没有定期对施工人员的技能水平进行考核，导致施工队伍技术力量不足。

(2) 燃料运行部维护人员现场监护形同虚设，思想麻痹，对检修人员的工作质量没有严格把关，造成检修多次返工，完全失职。

(3) 检修工作中对设备隐患不摸底，设备检修验收制度执行不严谨。

四、防范措施

(1) 燃料运行部及维护单位要针对此次事件进行认真分析，查找隐患，堵塞漏洞，防止类似事件的再次发生。

(2) 燃料运行部及维护单位要切实做好设备检查和巡视工作，及时发现问题、处理问题，确保安全、稳定生产。

(3) 维护人员要切实落实维护责任，加强设备巡回检查及维护工作，确保设备健康水平。

(4) 其他单位要引以为戒，结合安全生产隐患排查治理专项行动，认真查找隐患，及时整改，“以零违章、零缺陷确保零事故”。

第二部分

堆取料机岗位事故案例

案例一　检修未押票试转造成人员死亡事故

一、事故经过

2010年5月13日上午8时，某电厂输煤机务班班长满××安排工作负责人周××开票修补2号斗轮机悬臂皮带破损，机械工作（热力）票RJ201005108，工作票批准工作时间为：2010年5月13日8时45分开始，到2010年5月13日18时2分结束。检修工作负责人周××和工作班成员司×于9时左右开始作业，11点30分左右下班暂停作业。

15时，皮带修补工作继续进行。15时50分左右，输煤运行人员刘××通知机务班长满××，2号斗轮机回转制动器不灵，需处理，16时左右，班长满××安排机务班陈××、周××两人前去检查。周××到现场后联系输煤程控班长林××，要试转斗轮机回转平台察看制动器，要求安排斗轮机司机配合，班长林××安排斗轮机司机詹××配合，16时20分左右斗轮机司机詹××进入2号斗轮机驾驶室，并要求负责皮带修复的周××将悬臂皮带拉线开关由断开位置切到合闸位置，以便送电试转回转平台制动器，此时周××和司×正在悬臂皮带上处理皮带破洞，周××在皮带上部，司×在回程皮带上。周××按照2号斗轮机司机詹××的要求将斗轮机悬臂皮带拉线开关切到合闸后，并通知2号斗轮机司机詹××拉线开关已合上，但周××和司×均未从皮带上撤离，机务班陈××提醒：已送电了要下来。周××和司×不下来，继续作业。司机詹××听到周××的通知，未到就地检查人员是否撤离，也没有检查司机操作盘上各开关的有关位置，就合上2号斗轮机电源，在操作屏上点合闸，数秒钟内悬臂皮带便启动起来。周××拉住了悬臂皮带上部的液压油站护栏，脱离危险，并在护栏上将悬臂皮带拉线开关拉掉，皮带停止运行，此时司×右手及肩部被压在回程皮带的压带轮上当场昏迷，后用千斤顶顶住上下皮带将人救出送往医院抢救无效不幸身亡。

二、原因分析

（1）斗轮机司机在启动斗轮机回转平台过程中违反操作规

程、两票管理规定、电业安全工作规程，设备启动试转未收回检修工作票，没有通知人员撤离、未进行检查，即送电源，且未认真核对启动按钮，误按悬臂皮带合闸按钮是此次事故的直接原因。

（2）检修工作负责人周××安全意识非常淡薄，在作业中盲目听从斗轮机司机詹××的要求，在未被要求停止作业、收回工作票的情况下，帮助司机将拉线开关合上，不顾旁人提醒已送电要撤离，仍继续作业，同时丧失工作监护职责是此次事故的主要原因。

三、暴露出的问题

（1）安全生产责任制落实不到位。各级人员没有认真履行安全职责，对作业危险点未进行有效的分析和控制，安全生产管理和安全监督不到位。

（2）工作负责人未能认真履行监护职责，未正确和安全地组织工作，随时检查工作人员在工作过程中是否遵守安全工作规程和安全措施。操作人员有章不循，规章制度执行不到位。

（3）安全教育培训不到位。部分员工安全意识非常淡薄，安全素质不高，责任心不强，缺乏自我保护意识和互保意识。

四、防范措施

（1）开展为期一个月的反违章及安全大检查活动，重点查习惯性违章、查安全生产规章制度是否执行到位、查安全教育和培训是否到位、查是否吸取事故教训、落实反事故措施、查设备缺陷和事故隐患是否及时消除，做到即查即改，彻底消除事故隐患，对暂时不能整改的项目的隐患和问题，制定并落实防范措施，指定专人负责，限期整改、跟踪落实。

（2）强化现场监督，杜绝违章现象。各专业、安全监督人员实行走动式管理，项目部每周组织两次现场安全检查，重点查行为性违章、装置性违章、指挥性违章、管理性违章，杜绝违章现象和行为。部门安全管理人员加强对工作票执行过程跟踪检查，规范工作票三种人行为，杜绝工作票执行不到位的情况发生。

（3）严明纪律、强化规章制度落实。坚持“管生产必须管安全”的原则，加强对安全生产过程监控和闭环管理，严格执行安全生产奖惩规定，促进各级人员安全生产责任制的落实。

（4）提高安全责任意识。项目部组织针对该次人身事故学习、反思、分析和讨论：①讨论造成事故的原因；②事故暴露的问题；③作为个人和项目部采取的预防措施；④事故给员工、家庭、企业带来的危害；⑤如何进一步提高安全责任意识，每位员工在周安全活动中谈体会。

（5）加强安全生产教育培训。重新组织运行规程、检修规程、电业工作安全规程、两票管理办法、反违章管理办法的学习和考试。组织全体员工深入学习《安全生产法》等国家有关安全生产的法律法规，行业安全生产规章制度。利用安全教育培训考试系统对员工进行随机抽考，不合格者离岗学习并按规定进行考核。

（6）重新开展风险评估和危险点分析预控，将危险源辨识和预控措施编成手册下达学习执行，各安全生产管理人员每天到现场监督，防止走过场，流于形式。

（7）加强班组安全活动的指导，公司领导每季、项目部管理人员每月至少参加一次班组安全活动。

（8）强化互保意识。重签员工互保责任书，让员工深刻认识工作中互保的作用，提高“四不伤害”意识、互保意识，规范互保行为。项目部成立检查组，深入现场检查互保工作，提出整改意见和考核。

（9）加强队伍管理。公司对项目部管理部门派专人，对项目部安全生产管理进行指导。强化项目部安全的监管，杜绝类似事件重复发生。

案例二　违章作业造成检修人员死亡事故

一、事故经过

某电厂一期输煤系统的运行工作由甲项目部承担，一期输煤系统的维护工作由乙项目部承担。

2006年3月6日，乙项目部工作负责人侯××办理了热力机械第一种工作票，票号为SM1R0603020；工作内容为：A斗轮机斗轮轴承更换（一、二期输煤）；计划时间为：2006年3月6日12时开始至2006年3月9日17时30分结束。在采取了A斗轮机停电等安全措施后，工作许可人许可自2006年3月6日12时5分开始工作。

3月9日上午10时35分，侯××口头通知甲项目部运行班长闫×，A斗轮机试运转。10时50分，闫×口头通知斗轮机司机王×，A斗轮机送电试运行。10时55分，在A斗轮机的检修安全措施拆除后，司机王×点动试转；11时30分，闫×通知王×启动A斗轮机空转；11时55分，闫×通知另一斗轮司机崇××吃完午饭后接王×操作A斗轮机，崇××12时30分左右接王×，王×在交接班时交待崇××，斗轮机要一直试转。

12时38分，乙项目部侯××领贺×（死者，非本工作班成员）到A斗轮机检查螺栓紧固情况。两人到A斗轮机后从左侧登上斗轮机悬臂，打手势示意崇××停止A斗轮机，未向其做出任何交待。司机崇××将A斗轮机停止运转。此时，侯××、贺×两人进入该斗轮机的斗轮中紧固螺栓。

13时左右，崇××想到接班时王×曾交待斗轮机要一直试转，欲重新启动斗轮机，便走出驾驶室，站在斗轮机过道处（离斗轮约15m左右）看是否有人，当看到斗轮机附近没有人时，回到驾驶室，先按了启动警铃（约10s左右），随后便启动A斗轮机。这时突然发现一个人从斗轮上跳下来，便立即停止斗轮机，此时贺×已经被旋转的斗轮带起甩到倒流板的箅子上。贺×经抢救无效死亡。

二、原因分析

（1）乙项目部违反“两票”管理规定，在工作过程中随意更换工作班成员，检修设备传动不押工作票，已经传动的设备再次检修，仍然不办理任何手续，靠手势联系停电。现场管理混乱，随意性大。检修人员在无任何安全措施的情况下作业，是造成事故的直接原因。

(2) 甲项目部违反“两票”管理规定，检修设备传动不押工作票，检修人员要求停电的设备，再次运行前检查不认真，虽然按了警告铃，但没有时间间隔，没有起到警示作用，是造成事故的间接原因。

三、暴露出的问题

发电公司作为业主，对外委单位的监督管理不力，导致现场有章不循，违章作业现象严重，管理混乱。

四、防范措施

(1) 各单位安全第一责任者要结合事故教训，亲自组织研究本单位“两票”使用及管理存在的问题，按规定完善本单位“两票”使用和管理实施细则，落实凡是现场作业必须开票的规定；监督和落实各部门安全责任；生产副职要组织运行和检修管理部门，认真落实凡是作业必须开票的规定；组织做好危险点分析；严格两票的执行程序；做好动态检查工作；安全监督部门要切实落实监督责任，对两票执行存在的问题要及时进行通报和考核，并向安全第一责任者汇报。

(2) 各单位要结合春季安全检查，认真检查本企业“两票”管理、执行各环节存在的问题，立即组织进行整改。各企业必须严格执行“两票”管理相关规定，检修设备试运必须押票，并填写工作票相关记录；试运设备再次转入运行，也必须履行许可手续，做好相应的安全措施，并填写工作票相关记录，做好安全措施，方可允许检修人员开工。

(3) 工作过程中，严禁随意更换工作人员。检修主管部门、点检员、安全监督人员要切实加强“两票”使用过程的动态检查，确保工作人员严格“两票”的使用和执行。

(4) 各单位必须加强对外委单位的监督管理，尤其是加强对电力建设单位从事生产工作队伍“两票”使用管理的培训工作，切实履行业主的职责，确保各项规章制度严肃执行，杜绝“以包代管”。

（5）各单位要完善相关规程，凡是启动前需按警示铃的设备，如起重机、输煤皮带、斗轮机等，明确两次警示，每次铃声不小于10s，两次警铃间隔30s，最后一次铃声停止10s后方可启动设备。

案例三 斗轮机悬臂张紧滚筒烧毁事故

一、事故经过

2007年4月1日，某发电有限公司燃料运行部，燃料运行班组正在使用202号斗轮机进行加仓作业。巡检工按照燃料专业定期切换制度，测量燃料系统各滚筒轴承座温度，1时0分，测量至202号斗轮机时，巡检工胡××发现202号斗轮机尾车头部改向滚筒处有火星出现，立即汇报燃料程控值班员，程控值班员接到汇报后，在程控上位机上，将208号皮带机紧急停止运行。208号皮带机停止运行后，巡检工就地检查，发现202号斗轮机尾车头部改向滚筒北侧轴承座表面煤粉有自燃现象，使用红外线测温仪测量轴承座表面温度为209℃。

二、原因分析

滚筒轴承座润滑不良，是造成这次事件的主要原因。

三、暴露出的问题

（1）检修人员责任心不强，安全意识淡薄，定期工作敷衍了事，工作质量差。

（2）各部门的监督不到位，安全管理存在漏洞，运行人员麻痹大意，事故预想不到位，危险点分析不彻底，安全防范措施未落实。

四、防范措施

（1）技术支持部应根据各设备的润滑周期，制订详细的计划，并加强制度的执行情况的监督，做好相应记录。

（2）燃料运行人员应严格执行输煤专业定期切换制度，加强对系统各设备轴承座的巡检，发现异常情况，及时通知检修人员进行检查，真正做到防患于未然。

案例四　值班员酒后上班高空坠落造成重伤事故

一、事故经过

2006 年 3 月 15 日，某电厂一名燃料运行值班员，由于朋友聚会中午酒后上班，在斗轮机回转平台打扫卫生时突然站立不稳，从平台栏杆处掉下，掉在了 0m 地面上，造成锁骨骨折、左腿骨折、脑震荡。

二、原因分析

酒后上班，运行人员在意识模糊的状态下工作，班组人员并没有制止，造成了事故。

三、暴露出的问题

（1）班长责任心不强，安全技能欠缺，发现班员精神状态不好未制止其上班。

（2）班组管理存在漏洞，劳动纪律混乱，班员之间未尽到互相监督的义务，发现安全隐患不制止、不上报。

（3）班组成员安全意识淡薄，麻痹大意，对《电业安全工作规程》的规定不落实、不执行。

四、防范措施

（1）加强班组管理，要认真开好班前会、班后会，及时掌握员工的思想动态和精神状况，发现问题及时查明原因，状态不好的禁止上岗。

（2）加强劳动纪律，禁止上班期间或上班前饮酒，管理人员要经常监督检查劳动纪律情况，发现问题要及时教育纠正，并严肃考核。

案例五　运行人员安全意识差清理结煤中发生误操作事故

一、事故经过

2010 年 9 月 15 日 12 时 53 分，某发电有限公司燃料运行部输煤运行2号斗轮机取料上仓结束，由取料状态变为堆料状态，2号斗轮机司机陈××发现中心料斗结煤，汇报班长；班长王×令主值班员蒋×对3号乙皮带挂“检修”牌，令2号斗轮机司机陈××将3号乙皮带的拉线保护动作，安排蒙忠×、覃××、岑××、蒙福×、林××五人进行清理，并叫陈××对这五人进行监护。13时54分，主值班员蒋×令斗轮机司机陈××将3号乙皮带的拉线保护复位，陈××汇报说3号乙皮带上还有人在铲煤，蒋×说只要程控不启动没事的。于是陈××叫林××将3号乙皮带的拉线保护复位，陈××汇报蒋×说3号乙皮带拉线保护已经复位并连续重复两次告知：3号乙皮带上还有人，千万不要启动皮带。刚说完，3号乙皮带就往取料方向运行起来，此时蒙××、覃××、岑××三人正在皮带上，蒙忠×从皮带上跳下来拉掉了3号乙皮带拉线开关，3号乙皮带停下来。

二、原因分析

（1）设备维护部热控专业人员对整个输煤系统的程控程序经过认真分析排查，已经排除因设备本身程序出错误动作的可能性，3号乙皮带往取料方向运行是因有合闸脉冲信号致使皮带运行，该合闸脉冲信号来自操作员站3号乙皮带取料合闸按钮。燃料一班主值班员蒋×在得知还有人在3号乙皮带上清理结煤的情况下违章指挥，仍命令2号斗轮机司机陈××将3号乙皮带拉线保护复位，并误合3号乙皮带合闸按钮，是导致该次重大不安全事件发生的主要原因。

（2）燃料一班班长王×作为班组安全第一责任人在没有将3号乙皮带进行断电，安全措施落实不到位的情况下，安排民工违章作业清理2号斗轮机中心料斗、3号乙皮带上的结煤，是导致该次重大不安全事件发生的次要原因。

（3）2号斗轮机司机陈××明知主值班员蒋×违章指挥，依然执行错误命令，并指派没有操作权的林××将3号乙皮带的拉线保护复位，也是导致该次重大不安全事件发生的次要原因。

三、暴露出的问题

（1）电厂安全管理存在漏洞，导致部分员工的安全意识差，安全技能低下，反违章指挥、反习惯性违章能力严重不足。

（2）电厂现场管理存在重大隐患，设备清理安全措施执行不到位，工作人员对现场清理工作的危险性认识不足，岗位间的沟通不顺畅，现场人员对违章指挥行为未有效制止。

（3）电厂设备管理存在不足，程控电脑操作界面不够优化，操作步骤不够科学，安全警示信号不够完善。

四、防范措施

（1）要求燃料运行部高度重视安全管理工作，认真贯彻落实安全管理规章制度，坚决杜绝安全工作“说起来重要、做起来次要、忙起来不要”的错误思想，牢固树立安全生产“如履薄冰、如临深渊”的忧患意识。着力从人员、设备、设施以及管理等方面找差距、抓落实、促改进，不断夯实安全基础。

（2）要求燃料运行部加大反违章工作的力度，着力解决安全生产管理工作中的突出问题，要严格检查，严明处罚措施，要重心向下，抓基层、抓现场，对违章作业者要坚持下岗培训，对管理性违章要严肃追究各级管理者的责任。积极开展安全生产教育培训，加强员工安全技能培训，特别是对新进厂员工的安全技能培训，使员工从思想上认识“遵章是安全之本，违章是事故之源”，切实增强员工安全意识。

（3）要求生产技术部对输煤系统操作画面进行优化，在设备分、合闸按钮之后加装确认按钮，避免误触分、合闸按钮造成不安全事件的再次发生。

案例六 运行人员倚靠栏杆高空坠落造成重伤事故

一、事故经过

2004年10月23日，某电厂燃料运行丙班，对斗轮机全面打扫卫生，共有9人。工作的时候由于比较累，斗轮机上又比较

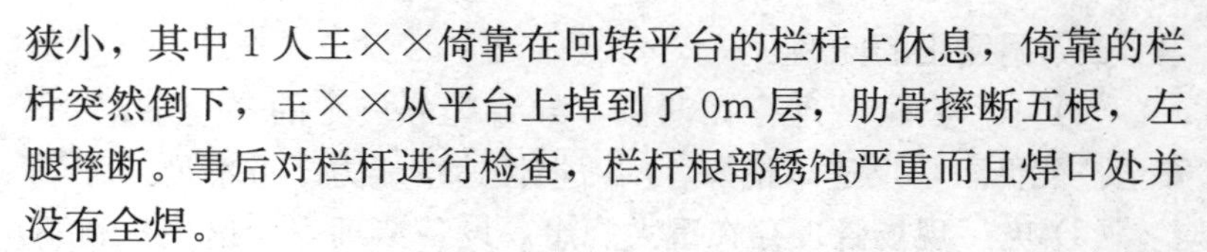

狭小，其中1人王××倚靠在回转平台的栏杆上休息，倚靠的栏杆突然倒下，王××从平台上掉到了0m层，肋骨摔断五根，左腿摔断。事后对栏杆进行检查，栏杆根部锈蚀严重而且焊口处并没有全焊。

二、原因分析

（1）运行人员严重违章，工作中倚靠栏杆。

（2）检修维护不及时。

三、暴露出的问题

（1）电厂现场管理存在漏洞，设备管理不善，存在安全隐患没有及时发现并整改。

（2）班组安全管理和劳动纪律混乱，班组其他成员对于违章行为熟视无睹，未予以制止。

（3）没有有效落实事故预想机制，工作前班组长未对现场危险点进行告知，作业危害分析没有落到实处，工作人员对现场的安全隐患认识不足。

四、防范措施

（1）加强安全管理，要对现场所有栏杆、盖板、上下梯子等进行全面检查，查找一切安全隐患，发现问题要及时处理。

（2）加强员工安全教育，提高自我保护能力和安全意识。

案例七 运行人员工作压力过大突发脑溢血

一、事故经过

2005年5月17日，某电厂一名燃料运行值班员赵××，年龄49岁。皮带运行中集控人员需要和赵××联系，电话联系不上，派人到现场发现赵××已经躺在了地上不省人事，经抢救脱离了生命危险，事后鉴定为突发脑溢血，并留下了后遗症，已回家退养。事后内部调查，赵××家中父亲住院、妻子有病，孩子高三正准备高考，平时既要照顾父亲与妻子，还要照顾孩子，工作压力很大。这种情况赵××既没有向班长反映，也没有向公司领导反映，当日工作中因工作关系又与班长发生了口头争执，情绪波动很大。

二、原因分析

赵××压力过大，没有及时进行调整，导致了悲剧的发生。

三、暴露出的问题

（1）事故暴露了班长在安全履责上的缺失。安全第一责任人没有切实履行好安全职责，没有及时了解员工的精神状况和思想动态。

（2）员工自我保护意识不强，精神状况不佳没有及时提出休息，导致悲剧发生。

四、防范措施

加强班组管理，要认真开好班前会、班后会，及时掌握员工的思想动态和精神状况，发现问题及时查明原因，状态不好的禁止上岗。

案例八　运行人员安全思想松懈造成斗轮机尾车拉杆断裂事故

一、事故经过

2011年6月2日，某电厂燃料运行四班夜班，1、2号翻车机对应1号斗轮机卸车堆料，堆料2号煤场110～240m；2号斗轮机取料，乙路上仓。燃料运行四班接班后与值长联系，确认上仓煤种安排为：1、2号炉A仓上南非煤，其他仓上贵州掺配煤。

6时40分，需要对1、2号炉A仓补充南非煤，调整卸车、上仓流程为1号斗轮机取料、2号斗轮机堆料。1号斗轮机司机张新×在230m处停运，进行尾车变幅操作，由3号甲皮带值班员张永×在地面尾车对变幅过程中的尾车是否溜车、变幅间距是否足够等安全注意事项进行监护。6时45分，变车到位正常后，1号斗轮机前进到2号煤场250m处，6时50分开始取料，取料至7时7分（共取料17min，172t煤）260m处时大车不能继续前进，斗轮机司机张新×怀疑是大车变频器故障或是空开跳闸，于是下到低压配电室将开关断开后重新复位，复位后回到司机室查看显示屏，发现有“尾车挂钩信号丢失”报警，便让3号甲皮带值班员张永×检查挂钩情况。张海×到挂钩处检查，发现挂钩钩销有轻微抬起迹象，挂钩间没有分离，张永×使用脚将挂钩踩下，约7时10分，张永×将挂钩复位后，张新×按程序启动设备继续取料（取料位置为2号煤场260m）。张新×上斗轮机取铁铲准备做交班卫生，同时习惯性地回头发现尾车与大车出现分离（大车与尾车刚出现脱钩，大约30cm），就立即通知程控停运3号甲皮带，但因3号甲皮带从分闸到完全停止有一定的惯性和时间的持续性，导致斗轮机尾车由于3号甲皮带的惯性运转而继续向3号甲皮带头部移动，直至尾车与大车拉杆拉至极限位将拉杆拉断时3号甲皮带才完全停止。张永×与张新×见状就立即一起检查，并汇报程控，1号斗轮机大车与尾车分离，两侧拉杆固定端断裂。班长徐××听到后立即前往现场对电缆、断裂件进行检查，并汇报值长和部门主任，通知检修。

二、原因分析

（1）从生产系统监控回放查阅1号斗轮机从3时～6时25分为堆料状态运行；6时25分，斗轮机由堆料变幅为取料状态；6时45分，变幅完成后开始启动设备进行取料，一直取料至7时7分大车不能前进，期间斗轮机均运行正常，3号甲皮带电流无明显异常变化。1号斗轮机由堆料变成取料全过程为一键自动变幅操作，变幅过程正常，挂钩外观检查为挂住状态有“挂钩到位信号”，且取料17min，172t煤。

（2）由此分析：斗轮机变幅后大车与尾车挂钩虽已挂上，但钩销未完全落到位，经过取料17min间断性的前进行走和3号甲皮带牵引力的作用下导致钩销脱开，而1号斗轮机值班员和3号甲皮带值班员均未仔细检查挂钩的实际状态是否正常，也未在变车完毕后将大车后退和前进几次来检验挂钩是否挂牢，导致钩销未完全落到位，一直处于半落到位的状态，经过长时间运行导致钩销脱开是造成该次事件的直接原因。

三、暴露出的问题

（1）特种培训、安全培训以及班组安全学习流于形式。

（2）事故预想、危险点分析和预控措施不到位。工作人员安全思想松懈，安全意识较差，盲目相信设备信号，未对现场实际情况进行检查，工作严重失职。

（3）安全管理不善，发生多起事故未能及时组织深入调查分析。

四、防范措施

（1）加强运行人员的技术培训和岗位培训，特别是要重新学习《斗轮机变幅安全操作措施》和《运行操作指导手册》并严格执行，部门应加强对技术培训的效果进行评估和考核，切实提高各岗位人员的操作技能水平。

（2）要求部门每位员工认识到该次事件的严重性和可能产生的后果，对发生的事件必须按照“四不放过”的原则，严格落实每一个环节，防范类似事件再次发生；对设备在运行中发生的异常引起高度重视，本着一查到底的工作作风对待每一件事，从部门员工思想上进行教育，提高员工安全生产意识，切实将“安全责任，重在落实”贯宣到每位员工。

（3）每台斗轮机制作6个铁楔并编上序号，在斗轮机变幅时将相应的铁楔放入尾车行走轮中防止变幅过程中出现溜车的现象发生；增加斗轮机记录本（斗轮机司机一本，3号皮带值班员监护变幅一本），在记录本中详细记录斗轮机变幅的时间、过程以及变幅过程中是否出现异常、如何处理等。

案例九　吸风机脱落砸断运行人员锁骨事故

一、事故经过

2006年7月11日，某电厂一名燃料运行值班员，工作中站在吸风机的下部，由于年久失修，吸风机固定处锈蚀严重，开启吸风机的瞬间，吸风机叶轮与电动机突然脱落，从5m多高处直

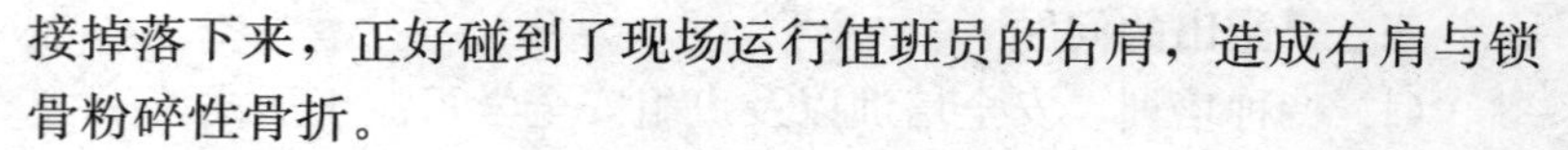

接掉落下来，正好碰到了现场运行值班员的右肩，造成右肩与锁骨粉碎性骨折。

二、原因分析

（1）吸风机检修不及时，导致脱落。

（2）运行人员工作中没有进行危险点分析，站在了有危险的地方。

三、暴露出的问题

（1）电厂管理不善，设备存在重大安全隐患，没有及时对设备故障和安全隐患进行排查，导致设备带病运行，最终造成事故发生。

（2）员工安全意识不强，对现场的危险源分析不足，站在可能出现高空坠物的地方。

（3）检修人员责任心不强，对设备没有定期检查、维护。

四、防范措施

（1）加强设备管理，认真查找各类安全隐患，发现问题及时处理。

（2）加强工作人员的责任心，强化安全意识，工作前要做好事故预想和危险点分析。

案例十　斗轮机拖链全部损坏事故

一、事故经过

2009年5月1日夜班，某发电厂燃料运行部运行专业2号斗轮机司机王×，接班时斗轮机位于3号煤场中部，后将大车开至4号煤场尾部准备取褐煤。1时8分启动皮带，2号斗轮机于4号煤场7～8号喷淋间取煤作业，后接到命令取3号煤场3～5号的高硫煤，20min左右大车行走至取料位置，大车行车过程中，摄像头画面显示的是Camera02，且画面显示很模糊。2时30分加仓结束，接到命令将斗轮机退至4号煤场尾部，且司机未发觉拖链有异常。5时5分，2号斗轮机于4号煤场7～8号喷淋间开始取煤加仓作业，期间摄像头能够显示拖链但不够清晰。后将斗轮机开至 3 号煤场中部取煤，大车行走期间司机未发觉拖链有异常。6 时 30 分取煤结束，皮带停止，设备停运，司机也未发觉拖链有损坏。8 时 12 分接到程控电话，反映 2 号斗轮机接班，司机陈×发现拖链已损坏 100 多米，整条拖链已全部报废，电缆桥架已大部分变形。

二、原因分析

(1) 斗轮机司机王×在长距离行走大车时没有及时对拖链进行有效的监控，也没有通知相关人员进行现场巡检，对可能造成设备事故的危险点麻痹大意，缺乏相应的防范措施。

(2) 程控值班人员没有及时提醒 5 号皮带巡检人员加强对皮带沿线的巡检，也没有通知斗轮机司机要加强拖链的监控。安排不周，忙乱无序，或图方便简化这也埋藏着事故的隐患。

(3) 5 号皮带巡检人员工作责任心不强，在加仓过程中没有按时对 5 号皮带沿线进行巡检。

(4) 维护人员对设备已经存在的缺陷没有重视。1、2 号斗轮机拖链拱起、出轨已连续发生过很多次，维护人员没有做出有效的处理。

(5) 各个班组之间没有做好交接班工作。摄像头模糊不清现象已出缺陷，但在没有彻底解决问题的情况下，缺陷被注销。部分班组管理松散，现场混乱。

三、暴露的问题

(1) 部分职工缺乏安全生产紧迫感，安全意识淡薄，思想麻痹大意，一贯放松了对自己的要求，习惯性违章突出，对待安全隐患缺乏经验。

(2) 一些部门、班组长期存在对职工的安全教育不够，安全管理存在真空地带，未真正落实“安全管理，层层有人负责，并把工作落到实处”的严格要求。

(3) 缺陷管理混乱，司机、班长均未重视斗轮机的拖链缺陷，现场岗位技术水平不高，缺乏事故预想，未掌握现场的巡视重点。

(4) 维护人员工作责任心不强，不注重检修质量，使设备长期带病运行，导致安全隐患长期存在。

四、防范措施

(1) 认真学习《燃料专业运行规程》、《电业安全工作规程》，针对各个岗位工作人员的岗位职责逐一讨论，并举一反三。

(2) 班组在学习班期间要加强对事故预想的培训，结合实际，针对实际分析各个岗位的危险点，让每个作业人员都明确，现场作业存在哪些危险点，会造成什么样的后果，增强作业人员对事故的预见性。

(3) 加强工作人员的技术培训工作。技术不精，在遇到不安全情况时，往往会出现故障判断不准、事故的应变和处理不当等现象，也往往会导致事故的发生。所以各个岗位工作人员应该熟悉并掌握一些基本的机械构造、工作原理、技术参数。

(4) 加强交接班工作制度的执行，交接班双方应本着对安全、经济运行负责的原则，相互创造条件，主动多做工作，为建立良好的交接班秩序而努力。

(5) 班组之间定期进行必要的工作交流，包括安全措施、技术要求、工作方法、操作经验、各个岗位的工作总结等。不同的岗位也要进行适当的交流，以拓展工作视野，了解一些必要的内在联系。

(6) 各班组适时地对缺陷进行总结，把它作为危险点分析的重要参照依据，可参照它来进行危险点分析。

(7) 各个岗位要服从指挥，听从调度。

(8) 各班组要加强管理工作。班组管理人员要想方设法提高工作人员的工作责任心、工作积极性，使整个班组团结一致，方能百战不殆。

案例十一 安全措施不完善造成斗轮机被风刮脱轨事故

一、事故经过

2002 年 9 月 27 日，某电厂燃料运行部因汽车晚上加班进煤，调度长安排由汽车卸煤沟往1号煤场堆煤。18时30分，卸煤系统检查完毕，门式斗轮堆取料机（以下简称门堆）准备就绪，启动卸煤系统开始向1号煤场南部D段由北向南堆汽车卸煤沟来煤。19时15分，门堆司机李××去替正在堆煤的司机王××回来吃饭。19时24分，王××向李××交代完工作准备离开时，约19时25分天气突变、刮起了大风，李××发现门堆向南滑动，立即挂后退挡操作，想使门堆向反方向运行，但无济于事，马上汇报集控室和班长，同时急停所有堆煤设备，将门堆夹轨器夹紧开关打至夹紧位置，但因风力太大门堆丝毫无停止的迹象，继续加速向南行走，约19时26分，门堆电源全部消失，重新恢复门堆电源无效。门堆一阵剧烈晃动，随即停止。

事后检查发现，门堆挠性腿侧大车行走机构脱轨，两侧止挡器及5号A皮带尾部驱动站小屋被撞坏，刚性腿侧卷扬平台和梯子损坏严重。检查电气配电室发现设备全部跳闸。

二、原因分析

主要原因是瞬间突起大风所至。

三、暴露出的问题

（1）该电厂的事故预想没有落实到位，没有制定有效的防范措施，没有建立有效的应急处理机制。

（2）该电厂安全教育没有产生实效，运行人员安全技能不足，面对突发情况无法采取有效的应急措施。

四、防范措施

做好恶劣天气的事故预想工作，制定好安全措施。

案例十二　安全隐患未排除造成设备坠地事故

一、事故经过

2006年5月25日16时30分左右，某发电有限公司燃料部输煤运行斗轮机停止运行后，检修班对斗轮机斗子准备进行更换，对斗轮进行定位，斗轮大臂拉紧装置经过安全网甩到运输公司院内，这时斗轮大臂倾角大约在100°，运行人员操作下降按钮时斗轮大臂不动作，发现斗轮部位落不下来，检修人员对俯仰油缸液压系统进行检查，认为液压系统节流阀不通，造成俯仰油缸不下落，决定对节流阀进行更换，这时斗轮机开始缓缓抬起，速度越来越快，斗轮机俯仰油缸活塞环与活塞杆脱开，活塞杆拔出，这时斗轮机失去平衡，坠砣着地。

二、原因分析

（1）斗轮机俯仰油缸活塞环与活塞杆的并丝脱落，造成油缸活塞环与活塞杆脱开后，活塞杆拔出，斗轮机大臂失去平衡，坠砣着地。

（2）油缸活塞的紧固装置存在设计缺陷，油缸活塞的紧固靠并丝紧固，没有采取止退锁片或开口销等更可靠的锁紧装置。

三、暴露出的问题

（1）现场安全措施落实不彻底，事故预想不到位，未采取有效的措施预防设备事故发生。

（2）设备管理存在漏洞，没有定期对设备进行检查、试验，设备带病运行无人发现。

四、防范措施

（1）用吊车吊起坠砣使斗轮机复位，对损坏部位进行修复。

（2）在检修过程中，严把油缸检修的质量，保证不再发生类似事故。

（3）在油缸活塞并丝上，加一固定螺钉，并丝与丝杆进行点焊，防止并丝脱落。

（4）油缸如需要进行外修，必须派专人对油缸的检修过程进行质量跟踪监督，保证油缸的检修质量。

（5）对斗轮机液压缸进行更换。

案例十三 长期未清理积煤积粉酿成大火事故

一、事故经过

2012年6月29日0时28分，某电厂1号机组正常停机，

A～E 原煤仓烧空，上煤系统停运备用。6 时 40 分，燃料运行人员巡回检查 1～6 号输煤皮带无异常。7 时 5 分，燃料运行人员巡回检查发现斗轮机处有浓烟冒出，立即汇报当值值长、燃料运行专工、安监部主任。安监部立即通知值长停电，电厂副总经理立即组织人员到现场；燃料运行专工立即通知运行、维护部领导组织人员到现场灭火。7 时 12 分，通知消防安保将消防车开到现场，同时通知值长启动电动消防泵。现场斗轮机两悬臂、中部有明火、浓烟，人员到场后采取好防毒措施，立即用灭火器、消防水灭火，7 时 35 分将火扑灭。

检查斗轮机发现堆取料皮带烧毁，1 号皮带烧毁约 30m，机械部分无大损毁，中部堆料槽尾沿部位有轻微变形，斗轮机上部随机电缆部分损毁。

二、原因分析

从现场着火点分析，斗轮机中部烧毁较为严重，应为起火部位；沿悬臂向两侧延伸将悬臂皮带引燃，滴下的胶皮火滴将斗轮机下部 1 号皮带引燃。现场无作业人员，斗轮机停运备用，应为中部堆料槽挡板（堆取料皮带从未运行）上部因汽进煤、斗轮机取煤、大风造成煤场扬尘大积粉较多，自燃引起。

三、暴露出的问题

（1）现场管理存在死角，未运行设备积煤积粉长期无人清理，运行人员责任心不强，巡视不到位。

（2）设备管理不完善，未执行设备定期轮换试验制度，未有效投入除尘设备。

（3）电厂安全大检查工作流于形式，未发现设备存在的安全隐患，无任何防范措施落实。

（4）工作人员安全意识淡薄，安全技能不足，无法正确辨识现场危险源，不能采取有效安全措施预防事故发生。

四、防范措施

（1）加强输煤系统检查，对设备、电缆槽盒积粉情况彻底排查清理。

（2）每次上煤结束后都要对输煤系统、斗轮机积粉进行清理。

（3）上煤时及时将除尘设备投入运行，并加强上煤过程监督检查。

（4）加强对制粉系统设备积粉清理，制粉系统运行时控制好磨煤机各参数，尽可能控制一次风温度运行，避免高温。磨煤机上部因不方便巡检，检查不到的地方停磨煤机后及时用压缩空气吹扫干净。

（5）组织各方资源将斗轮机尽快修复。

（6）加强煤场、进煤、掺配、块煤筛选等各项管理，防止输煤系统堵煤，确保机组燃煤供应。

案例十四 斗轮司机违章睡觉造成皮带纵向撕裂事故

一、事故经过

2011年5月15日0时30分，某电厂燃料部输煤运行斗轮司机正常启动斗轮运行进行取煤，1时30分左右，斗轮司机王××睡着，在斗轮机取完南垛沃太华煤（2号炉C磨煤机），大车往西走准备用斗轮取南垛西黑金煤时，集控值班员、班长同时发现七段皮带纵向撕裂。

二、原因分析

设备管理不到位，运行人员违反劳动纪律。

三、暴露出的问题

（1）生产现场的安全管理和安全监督不到位，劳动纪律差，班组长没有积极主动地掌握岗位人员精神状况。

（2）工作人员安全意识差，严重缺乏工作责任心，无视安全生产规章制度，当班期间严重失职。

四、防范措施

（1）严格执行《电业安全工作规程》规定，加强劳动纪律。

（2）加强安全学习，提高安全意识，强化安全责任。

（3）加强设备管理，认真巡回检查，发现问题及时停机处理。

案例十五　某电厂输煤系统皮带损坏事故

一、事故经过

2009年1月16日2时31分，某发电厂燃料运行部二班使用1、2号斗轮机进行掺配煤。凌晨4时许，输煤程控主值发现3号甲皮带电流突然由173.5A上升到535A，立即停止3号甲皮带运行。历史记录为：4时5分20秒电流为173A，4时6分21秒电流为180 A，4时6分40秒电流为200A，4时7分6秒最大电流为535A，而后电流逐渐减少，4时8分40秒设备停运。班长立即组织进行检查，发现1号斗轮机尾车托辊掉入3号甲皮带斗轮机尾车皮带滚筒与皮带之间，随即通知燃料维护进行处理。16日清晨，在检查过程中发现3号甲皮带拉紧装置靠铁路侧下改向绳轮组从基座断裂（预埋钢板和预埋钢筋脱落），致使改向绳轮组卡进驱动小间墙内，斗轮机尾车内卡入的托辊卷入滚筒，导致尾车上的中心料斗变形，同时引起皮带表面和边胶损坏长度约320m。

二、原因分析

（1）掺配煤中一大煤块将3号甲皮带斗轮机尾车第一组中间托辊砸掉，该托辊掉进回程皮带卷入尾车滚筒与皮带之间，被卷在皮带内运行。尾车处皮带由于被卷进了托辊导致皮带和中心料斗之间的运行间隙变小，以致皮带和中心料斗相互摩擦，从而导致皮带损坏和料斗变形，在此期间皮带运行阻力逐渐变大，使得下改向绳轮组瞬间受力超过预埋铁和预埋钢筋之间的拉力，从而使预埋钢板从预埋钢筋上脱落。托辊掉落是发生此次事件的直接原因。

（2）3号甲皮带拉紧装置滑轮基座在基建时期安装不符合要求，质量不过关，导致滑轮从基座断裂，检查发现只是简单固定焊接，是改向绳轮组基座断裂、墙壁部分损坏的主要原因。

三、暴露出的问题

(1) 运行管理工作不细致，危险点分析和防控措施不到位，事故预想存在漏洞。

(2) 安全管理不善，发生多起事故未能及时组织深入调查分析。

(3) 燃料运行部和××电建公司项目部日常设备巡视检查存在不足和盲区，工作不细致，日常预防性维护工作不到位，没能及时发现设备存在的安全隐患。

四、防范措施

(1) 要求燃料运行部吸取教训，认真分析，举一反三，组织对系统其他相关设备进行全面隐患排查、处理工作，认真贯彻"安全生产、预防为主"的原则。

(2) 要求燃料运行部和××电建公司项目部提高设备维护质量和加强预防性维护工作，落实设备主人责任，加强班组人员对设备巡查力度，提高巡检质量，要巡查到位、早发现早处理，防患于未然，切实提高设备可靠性，确保设备状况健康良好，为机组安全稳定运行保驾护航。

案例十六 擅自拆除安全止挡器造成斗轮机动力电缆被拉断事故

一、事故经过

2009年4月1日凌晨，某发电厂燃料部运行三班夜班，班长按照部门要求准备配煤，要求值班员用1号斗轮机取料1号煤场90～110m区，2号斗轮机取料3号煤场70～130m区，安排吕×操作2号斗轮机，安排朱××巡检3号乙皮带。就地值班员检查设备无异常后，于1时20分启动流程开始作业。班长同时用对讲机呼叫3号乙皮带值班员朱××注意观察2号斗轮机后退情况。1时30分，2号斗轮机6kV电源分闸，燃料运行班长立即汇报值长，运行人员就地检查发现2号斗轮机6kV电缆在电缆卷筒处将导向轮拉坏，怀疑卷筒内部的电缆接头拉掉接地，于是立即通知维护人员和该部门领导。维护人员和燃料运行部领导到现场后检查发现2号斗轮机堆料向东侧已退至约85m处，由于2号斗轮机6kV电缆不够长（2008年11月12日电缆接地，截断37m），导致2号斗轮机6kV电缆拉断。

二、原因分析

（1）2008年11月12日，2号斗轮机6kV电缆出现接地故障，动力电缆截断37m，生产技术部要求加装了临时安全止挡器确保设备安全。2009年1月11日，燃料运行部擅自安排将2号斗轮机东侧的临时安全止挡器拆除。燃料运行部擅自拆除临时止挡器这一防范动力电缆拉断的主要安全措施，使设备失去本质安全，也未及时变更"运行交代"，是导致此次斗轮机电缆拉断的直接原因。

（2）燃料运行三班班长没有认真执行燃料运行部运行交待内容，安排斗轮机司机超过运行区域运行，与该部门要求的配煤区域90～130m不符，是导致此次斗轮机电缆拉断的次要原因。

（3）巡检员在斗轮机运行到110m第一次停顿时，认为斗轮机已到位，未认真检查确认，即离开斗轮机运行区域，到输煤4号皮带进行巡检。巡检员未和斗轮机司机进行确认斗轮机是否已到位，巡检、监护不到位是导致此次斗轮机电缆拉断的次要原因。

（4）2号斗轮机司机在接到班长的命令后，没有及时核对现场情况，没有对可能导致不安全事件发生的命令提出异议就盲目执行，同时也未和巡检员沟通斗轮机运行距离情况，也是导致此次斗轮机电缆拉断的次要原因。

三、暴露出的问题

（1）各级安全监督不力，安全技术措施执行不到位，燃料运行部随意改变、拆除临时安全止挡器，运行人员擅自扩大工作范围，安全管理不到位。

（2）斗轮机取煤过程中没有严格按照运行部门交代内容操作，违章指挥，违章作业。

（3）现场操作人员安全思想松懈，盲目自信，存在侥幸心理，自我保护能力低下，对违章指挥和违章作业熟视无睹。

四、防范措施

（1）要求燃料运行部完成恢复2号斗轮机东侧的临时安全止挡器（包括机械止挡器和电气开关），并将西侧的临时止挡器移到合适的位置。

（2）要求燃料运行部重新规范斗轮机的运行区域定义，并完成重新整理运行交代记录工作，针对目前的设备状况、掺配煤等运行方式规范交代内容，并组织班组人员学习。

（3）要求燃料运行部加强本部门全体员工自觉执行各项规章制度的日常性安全教育工作，纠正工作不扎实、浮躁的不良行为，切实落实内部奖惩制度。

（4）要求燃料运行部各级管理人员认真吸取该次事件教训，深刻反思，结合春检，从人、设备、环境、管理等多方面入手，扎实认真排查威胁安全生产的不安全行为、不安全状态和管理上存在的问题，针对安全隐患制定切实有效的整改计划和临时防范措施。

案例十七 检修人员未办理工作票冒险违章作业造成人员死亡事故

一、事故经过

2007年5月8日上午，某电厂外委单位的燃料检修人员陈××巡视检查时发现1号斗轮机改向滚筒北侧轴承温度高，汇报班长胡××。13时40分，胡××电话通知陈××（工作负责人）进行1号斗轮机改向滚筒北侧轴承加油工作。陈××向胡××提出不办理工作票不能进入现场工作，但胡××未予理睬。陈××在未坚持办理工作票的情况下，带领工作人员梁×（死者）、邵×进行轴承加油工作。

14 时 5 分，外委单位保洁人员王××因清理 241 号皮带尾部现场撒煤的需要，联系燃料运行人员徐×瞬间启动 241 号皮带。徐×接到联系电话，通过煤场监控系统查看无异常，经过铃声预警后，启动 241 号皮带约 3s 钟后停下。在 241 号皮带瞬间运行过程中，正在进行加油工作的梁×，顺着改向滚筒与斗轮机高低压配电室外墙空隙坠落至 241 号回程皮带上，人体随运行中的回程皮带移动，在移动至 241 号回程皮带调心托滚支架与回程皮带间隙处时受到强烈挤压。14 时 30 分，陈××、邵×将梁×送至当地人民医院检查，16 点 30 分，梁×伤势急剧恶化，骨髂血管破裂失血性休克，抢救无效死亡。

二、原因分析

（1）工作人员在听到警铃声仍然冒险作业，造成了人员坠落，机械挤压伤亡，是造成此次事故的直接原因。

（2）外委单位燃料检修班长胡××违章指挥，发出违反《电业安全工作规程》和《中国某集团公司工作票、操作票使用和管理标准》的命令，同时工作负责人陈××违反了《电业安全工作规程》中“工作人员接到违反本规程的命令应拒绝执行”的规定，擅自在正常生产备用设备上无票进行检修工作，是造成此次事故的间接原因。

三、暴露出的问题

（1）该电厂安全管理制度执行力度不够，要求不高，管理不严。

（2）作业人员对本岗位作业危险识别不够，自我保护意识薄弱，未严格执行“两票三制”，违章作业，未采取任何安全措施。

（3）对外包作业人员教育、培训不够，《电业安全工作规程》学习以考代培，不注重实效。

（4）安全管理制度执行不到位，对于外包人员以包代管，缺乏监督教育。

四、防范措施

（1）深入开展“查领导、查思想、查作风、查管理、查规章制度、查隐患”的六查工作。各级领导从自身做起，认真组织学习安全生产管理制度，全面开展安全整顿治理工作。

（2）认真开展以“两票三制”为核心的反违章工作，组织对“两票”管理和使用各个环节进行梳理，查找存在的问题和漏洞，认真落实“两票”三个100%的要求，并加强对“两票”执行情况的动态检查和分析，及时发现问题，严肃考核纪律。

（3）对生产、基建、多经单位外委队伍、人员进行全面排查，对不符合相关管理规定要求的队伍、人员坚决予以清退。

（4）加强外委人员的安全教育和培训，强化过程控制，切实杜绝外委队伍人员无票作业等违章行为的发生。

案例十八 司机无证上岗煤垛坍塌造成人员死亡事故

一、事故经过

2007年1月23日7时45分，某电厂燃料管理部王××（死者）上班后，从车库将2号推煤机开出，到煤垛上对汽车煤进行整形工作。7时55分，当推煤机行驶到煤垛上部时，因行走太靠煤垛边沿，道路右侧（斗轮机侧）煤垛坍塌，致使推煤机倾斜翻入煤堆下面，落差约6m，推煤机翻倒后，坍塌下来的煤将推煤机埋在下面。正在煤垛下面捡石头的卸煤人员发现情况，立即赶到事故现场进行施救，同时迅速汇报有关人员，王××由于严重外伤和窒息，经医院抢救无效死亡。

二、原因分析

（1）王××在未取得特种作业操作证情况下违章驾驶推煤机上煤垛，由于对煤场作业环境和推煤机作业技术不熟悉，驾驶推煤机行驶太靠煤垛边沿（推煤机行驶中距离煤堆边沿应大于1m），致使煤垛塌方，推煤机倾斜翻下煤垛，是造成此次事故的直接原因。

（2）推煤机管理不严，推煤机钥匙未设专人保管，是造成此次事故的间接原因。

（3）斗轮机取煤方式不合理，再加上连续几天汽车进煤明显减少，造成煤垛斗轮机侧形成了10m高、几十米长、近90°的边坡，也是造成此次事故的间接原因。

三、暴露出的问题

（1）暴露了电厂特种作业管理制度执行力度不够，缺乏对特种作业人员的有效管理，转岗制度落实不到位，导致转岗人员无证作业。

（2）车辆、钥匙管理存在漏洞，未形成管理制度，没有专人管理，致使无证人员可以未经许可擅自使用推煤机。

（3）电厂燃料管理部未严格执行《煤场管理办法》，缺乏有力监督，造成煤场存在巨大隐患，并导致人员伤亡。

（4）电厂安全教育不到位，没有做好事故预想；员工自身安全意识不强，麻痹大意。

四、防范措施

（1）加强对特种作业人员持证上岗的管理，严禁无证上岗。

（2）加强车库和钥匙的管理，杜绝无证人员动用车辆。

（3）严格执行《煤场管理办法》，加强现场的巡视和安全监督，认真落实作业前及作业过程中的检查项目，及时对煤堆整形，杜绝斗轮机将煤堆吃成陡坡。

（4）加强生产人员培训，尤其是对各专业高级主管、点检员、运行人员、二次系统管理人员、除灰脱硫和煤场作业人员等关键岗位在规章制度理解、执行和技术能力提高等方面的培训，提高对现场危险因素辨识的能力。

（5）组织全员开展"安全隐患排查活动"，不论是主厂房主设备还是附属车间辅助设备，不论是本厂职工还是外来人员，认真检查管理制度的执行上是否存在漏洞，监督管理是否留有死角，对查出的问题，有针对性地制定整改措施加以整改。

案例十九　某电厂管理松懈造成人身触电死亡事故

一、事故经过

2008年10月23日上午，某电厂燃料运行部3号斗轮机检修完毕准备调试，燃料运行部要求3号斗轮机开关送电，并将送电联系单发送至运行部单元长梁××处，11时20分，运行人员将3号斗轮机开关送电并恢复送电联系单。

13时2分，燃料部运行人员合上3号斗轮机开关。13时45分，根据燃料部送电联系单（3号斗轮机机上动力开关送电）要求，单元长梁××安排阮××（女）去3号斗轮机低压配电室进行3号斗轮机机上动力开关送电，交代3号斗轮机上动力开关接地闸刀和控制变压器开关接地闸刀状态；考虑到此类开关的特殊性，单元长电话联系设备部高压班班长邵××（男，死者）要求协助3号斗轮机机上动力开关操作。阮××携带操作卡与邵××、胡××（男）在输煤控制楼附近会合，约14时5分，他们三人一起到达3号斗轮机低压配电室。阮××就地检查发现3号斗轮机机上控制变压器开关接地闸刀在合闸状态且拉不开，邵××、胡××2人先后试拉均拉不开。于是，邵××打开柜门对该接地闸刀进行检查、处理，并强制解除与柜门的闭锁，在胡××配合下拉开该接地闸刀，并虚掩上开关柜柜门，在稍紧柜门两颗固定螺栓后，阮××试合3号斗轮机机上控制变压器开关，发现该开关合不上，邵××再次打开开关柜柜门对该开关进行检查处理。约14时23分，在开门状态下，邵××探入开关柜内用螺丝刀拨动卡涩的部件，在胡××配合下合上3号斗轮机机上控制变压器开关。期间，邵××左手小臂不慎触及6kV的W相带电部件，导致头顶与开关柜上框、左背部与柜门放电，当即触电倒地。在场人员立即就地进行紧急抢救，同时拨打120，送至地方人民医院抢救，终因伤势过重抢救无效，于17时死亡。

二、原因分析

（1）未严格使用操作票，并执行操作监护制度。操作人违章操作，监护人未能及时制止，以致酿成大错。

（2）未经总工批准，擅自解除五防闭锁装置。

（3）操作人员越职擅自检修带电设备，没有采取任何安全措施，同行人员无人制止。

（4）违反“25项反措”中防止电气误操作事故的相关规定。

三、暴露出的问题

（1）电厂安全生产疏于管理，习惯性违章长期得不到有效制止。

（2）电磁锁的管理不完善，存在漏洞，电磁锁是防止电气误操作的重要设备，管理人员和各级领导对电磁锁的管理长期不重视，导致检修人员随意强制解锁。

（3）操作监护制度流于形式，监护人未起到监护的作用。

（4）检修人员安全意识淡薄，自我保护能力低下，安全技能欠缺，工作随意性太大。

（5）安全培训工作缺乏针对性和有效性，培训工作流于形式。工作人员对危险点认识不足，没有做好事故预想，也没有能力落实相关安全防护措施。

四、防范措施

（1）立即开展一次工作票制度、防误闭锁装置管理制度执行情况的专项检查，坚决纠正和制止此类违章现象。各级安全第一责任人要亲自参与专项检查。

（2）建立“两票”执行的全过程检查考核制度，加强运行操作和检修作业的现场监督、检查，加大“两票”和防误闭锁装置管理制度执行情况的考核，确保“两票”制度得到严格执行。

（3）加强职工安全意识、安全知识和安全防护能力的培训。

案例二十　某电厂输煤斗轮机辅发生尾车脱轨事故

一、事故经过

2007年5月11日1时5分，某电厂输煤运行部使用输煤辅助上煤A路、斗轮机上煤运行，设备运行正常。斗轮机风速仪显示3～4级。1时15分，当斗轮机取煤行走至距西煤场北侧约40m时，斗轮机行走速度增大，斗轮机司机查看风速仪，显示8级，马上将行走开关打到停止位置，斗轮机不停，又打到反向行走位置行走。但由于风速大，斗轮机被风吹得继续向北行走。斗轮机司机立即将悬臂下降，同时操作斗轮机夹轨器进行夹紧，通知 6/1 皮带值班员穿铁鞋。斗轮机悬臂落下至轮斗着地。大车撞在防撞桩上，斗轮机停止行走。1 时 18 分，检查斗轮机，发现斗轮机辅尾车两轮行走超出轨道，造成脱轨，5/3 皮带头部 5 组托辊架变形，5/3 皮带头部防撞桩固定基础全部开裂。

二、原因分析

事后调查分析认为，斗轮机取煤时煤场风力突然过大是造成该次事件的主要原因。斗轮机防撞桩固定基础不牢固，是造成事故扩大的另一重要原因。

三、暴露出的问题

(1) 输煤专业对季节特点和在运行方式单一的情况下，对安全生产工作管理不细致，预防特殊环境下的事故能力不强，对于设备在恶劣天气强行运行的情况下，没有采取有效的安全措施，暴露出输煤专业管理工作存在漏洞。

(2) 输煤专业虽然结合以往斗轮机撞掉防撞桩事件教训，对防撞桩基础进行了重新加固，但对其可靠性能没有进行有效检验，致使防撞桩不能有效阻止斗轮机在失控状态下的行走，反映出输煤专业对设备治理工作应进一步加强。

(3) 运行人员对特殊生产环境的应变能力不强，事故预想不到位，缺少生产实际经验。

四、防范措施

(1) 完善斗轮机运行操作规程，明确不同风力等级情况下斗轮机运行生产方式。

(2) 加强斗轮机司机的岗前、岗中培训，能够熟悉设备技术参数、运行操作规程、应急预案等相关专业知识。

(3) 对夹轨器进行检验、计算，验证能否满足生产运行方式的需要。

(4) 完善事故应急预案，并对相关人员进行培训。

(5) 制定斗轮机穿铁鞋的人身相关安全防范措施，并对相关岗位进行培训、熟悉、掌握。

(6) 在风向仪未安装前，用旗帜方式完善风向判定措施。

(7) 对防撞桩进行加固完善、改进等措施。

(8) 研究制动系统能否满足事故防范的需要，并提出技术改造方案。

案例二十一 某电厂斗轮机司机岗位睡觉造成耦合器易溶塞溶化事故

一、事故经过

2006年9月5日2时15分，某电厂输煤运行一班调度值班员兰××组织启动储煤A路。

3时45分，5/3皮带机拉绳停机，5/3皮带机值班员宝×汇报“5/3皮带机回程皮带有煤”。

3时46分左右，兰××令斗轮机司机李××检查，李××在司机操作室发现斗轮机悬皮停运，监视屏上悬皮电动机有电流。李××立即打斗轮机回转，但回转打不动，随即停止悬皮和主尾车运行，离开操作室检查，发现斗轮机悬皮落料管压死、回转平台及5/3皮带机回程都是煤，悬皮耦合器易溶塞溶化。

3时50分左右，李××将检查情况汇报兰××，并主动承认堆煤时睡着了。兰××立即组织其他岗位人员进行积煤清理工作。

10时30分，斗轮机压煤处理完，斗轮机恢复备用。

二、原因分析

(1) 斗轮机司机李××无视厂规厂纪，工作责任心差，在设备运行中睡觉，是造成该次事件的主要原因和直接原因。

(2) 斗轮机悬皮没有打滑保护、落料管内没有堵料保护，斗轮机保护不完善是造成该次事件的次要原因。

三、暴露出的问题

(1) 燃料除灰部的安全思想教育工作和职工责任心教育工作不到位，各级管理人员对运行岗位劳动纪律的日常管理和监督检查不力，运行管理工作有待于进一步加强。

（2）运行倒班时间和倒班方式不合理，像斗轮机、破碎机等关键岗位没有培训备员。

（3）斗轮机悬皮没有打滑保护装置，当悬皮打滑时斗轮机司机只能凭经验判断。

（4）斗轮机主尾车落料管没有堵料开关，下级皮带打滑或落料管卡块极易造成大量跑煤。

四、防范措施

（1）必须加强职工安全思想和工作责任心教育工作，加强运行日常管理，多组织管理人员检查劳动纪律，发现问题严肃处理，通过强化检查、监督来增强职工遵章守纪的自觉性。

（2）要加强职工专业技术培训工作，制定详细可行的专业培训计划，培养一岗多能值班员，尽快全面提高职工业务素质。

（3）立即提出合理的运行倒班方式，并尽快实施。

（4）立即普查斗轮机等重要设备的保护配备情况，根据实际提出合理的保护增设方案，防止类似事故再次发生。

案例二十二 斗轮机电动机无保护造成斗轮驱动装置翻转损坏事故

一、事故经过

2009 年 3 月 24 日 16 时 29 分，某发电有限公司燃料运行部输煤专业斗轮机司机吴××见运行中的 2 号斗轮机斗轮驱动电动机和减速机及底座突然发生 180°翻转掉落，立即停止斗轮机运行，随后将各操作杆恢复到零位，切断动力和控制电源。16 时 30 分，汇报程控和班长。

事件发生后对斗轮驱动装置进行损坏情况检查，发现 2 号斗轮驱动电动机、斗轮头减速机底座拉杆支撑座脱焊撕裂变形，电动机和减速机及底座发生 180°翻转，斗轮驱动装置平台变形严重，减速机润滑油泵油管断裂，动力电缆损坏，集中润滑油泵损坏严重，斗轮驱动装置电动干油站损坏，电动机保护罩严重变形。

二、原因分析

2号斗轮机斗轮驱动电动机、减速机底座与悬臂架支撑连接焊接不牢固，钢板焊接工艺差（仅进行了单面焊接），且无加强筋加固，运行中未能克服斗轮驱动装置反作用力，造成焊接处断开，驱动装置反作用力迅速致使斗轮驱动电动机、减速机底座翻转掉落造成设备损坏。

三、暴露出的问题

（1）斗轮机驱动电动机无过载、过电流保护，造成电动机过载或过电流后不能自动停机。

（2）斗轮机斗轮减速装置支撑连接处钢板仅进行了单面焊接，且无加强筋加固，支撑构件强度不够。

（3）斗轮机设备属大型转动机械，运行人员、检修维护人员对结构件焊接部分日常检查不到位，未能提前发现隐患。

（4）2号斗轮机投产不久，新设备暴露出电动机无保护和安装单位施工质量问题，对安装质量管理不到位。

四、防范措施

（1）生产技术部、维修部对1、2号斗轮机结构件焊缝进行全面排查，对输煤系统转动设备的驱动装置机架受力部位焊接情况进行全面检查，核对设计图纸、焊接标准，对强度不够的位置进行补焊或加装加强筋。

（2）生产技术部、维修部专业人员对电动机过载、过电流保护重新进行设计、安装。

（3）对全厂大型转动设备的驱动装置钢结构焊接情况进行全面检查，以防类似事件再次发生。

（4）发电部、维修部加强运行和备用设备巡视检查力度，现阶段降低斗轮机运行负荷至700t/h以下，做好运煤中断相关事故预想。

第三部分
卸煤岗位事故案例

案例一　值班员安全意识淡薄造成人身轻伤事故

一、事故经过

2006年12月2日，某电厂一名燃料值班员在空车线调整空车钩舌时，因钩舌轴脱落，钩舌从钩头上掉下，脚部被钩舌砸中，造成右足多足趾骨折。

二、原因分析

（1）工作中安全意识低，无工作防护措施。

（2）工作前没有进行设备检查并进行危险点分析。

三、暴露出的问题

（1）暴露了电厂特种作业管理制度执行力度不够，缺乏对特种设备的有效管理，未执行特种设备定期检查制度，导致设备存在重大安全隐患。

（2）工作人员安全意识不强，麻痹大意，调整设备前未对设备进行检查，导致人身伤害事故。

（3）电厂安全教育不到位，没有做好事故预想；危险点分析未有效执行，安全防护措施落实不到位。

四、防范措施

（1）翻车机值班员要加强安全培训，提高安全意识，增强自我保护意识。

（2）在调整空车钩舌时，首先要检查钩舌的锁销是否脱落，调整时两脚应岔开，不要放在钩舌的下面，防止钩舌脱落砸脚。

案例二　车辆安全管理不严造成空车线车辆掉轨事故

一、事故经过

2007年4月22日22时30分左右，某发电有限公司厂区开始下雨并伴有大风，22时40分，燃料运行部输煤专业翻车机值班员农××发现停在1号线的40节空车开始向东（迁车台方向）移动，马上跑向迁车台，想把迁车台开向空车线。但当他到达时发现1号线的最后一节车车尾转向架已经越过空车线止挡器，第一组仓轮对掉入迁车台坑内。

二、原因分析

(1) 燃料运行部对车辆安全管理不严，没有做好防溜措施，是造成车辆溜车并掉轨损坏的直接原因。

(2) 起风后，运行人员缺乏防范意识，没有采取防范措施，是造成车辆溜车并掉轨损坏的原因之一。

三、暴露出的问题

(1) 燃料运行部未针对车辆管理的特殊性采取相应防范措施，未确立事故预想机制，未完善事故应急处理预案。

(2) 班组管理不到位，工作职责不清，劳动纪律涣散。

(3) 安全培训流于形式，部分运行人员安全意识淡薄，危险点分析未执行，对安全隐患麻痹大意。

(4) 安全生产疏于管理，安全技术措施未落实，安全工器具不完备，各部门安全职责不清，部门内外沟通缺失，联系不到位。

四、防范措施

(1) 燃料运行部立即组织对此次事件暴露出的问题进行深入讨论，认真分析问题的根源，举一反三，夯实安全生产基础，杜绝同类事件的发生。

(2) 燃料运行部必须加强运行值班人员在车辆安全、事故处理方面的培训工作，加强铁路相关规章制度的学习，把各项规章制度落到实处，加强作业及操作前的危险点分析，形成可行的预防预控措施，提高安全生产水平。

(3) 燃料运行部和铁路相关专业作业中加强联系和沟通，认真执行操作规程，明确工作职责及分工。

(4) 燃料运行部尽快制定并完善翻车机系统车辆及斗轮机的防风、防溜安全技术措施。安监部和生技部牵头监督安全技术措施的制定和落实情况，物供部由铁路货运专工协助。

(5) 燃料运行部和物供部尽快落实补全防溜措施中所需要的工器具。

案例三 运行人员违章穿越翻车机被挤压死亡事故

一、事故经过

2006 年 7 月 11 日，某电厂燃料运行部一名员工，在翻车机工作过程中，违章从两空车之间穿越被两车皮挤压，经抢救无效死亡。

二、原因分析

违章作业，导致了事故的发生。

三、暴露出的问题

(1) 安全教育不到位，《电业安全工作规程》学习流于形式，工作人员安全意识淡薄。

(2) 反习惯性违章工作没有取得实效，习惯性违章行为未得到有效遏制。

(3) 现场巡视人员工作不到位，未发现无关人员进入生产现场。

四、防范措施

(1) 严格执行翻车机工作安全规定，杜绝习惯性违章。

(2) 无论车辆停止或移动，禁止一切人员从两节车辆之间或车辆底部穿行。

(3) 翻车机系统运行中，现场值班员要加强监督检查，发现有非工作人员进入翻车机区域要进行制止，并将其劝走。

案例四 违章作业造成人员死亡事故

一、事故经过

2005 年 4 月 25 日，某电力有限责任公司所属某发电厂翻车机在卸煤作业中，一名运行人员在空车线上进行调整两空车车辆之间车钩工作时，被另一辆顺空车线推出的空车拖挤致死。

二、原因分析

事故原因认定为违章作业。

三、暴露出的问题

（1）运行人员未认真贯彻《运行规程》的规定，事故预想未落实，对可能出现的危险估计不足。

（2）运行人员实际操作技能较差，基本技能欠缺，在操作过程中麻痹大意，习惯性违章操作。

（3）工作中监护不到位，未执行“两票三制”，安全措施未落实。

四、防范措施

（1）严格执行翻车机工作安全规定，杜绝习惯性违章。

（2）翻车机系统运行中，要调整空车线上空车的钩头，必须与操作员联系，停止系统运行，方可进行调整钩头工作。

案例五　违章清理煤斗塌陷造成人员死亡事故

一、事故经过

2005 年 9 月 28 日，某发电厂发电部运行四值当值燃料运行班班长王××对设备运行状况和运行方式进行交代和工作布置后，要求当班对 1 号翻车机煤斗、煤箅子进行每月一次的定期清理工作，并在交接班会上要求翻车机值班员重点将煤斗内的煤拉空。8 时 30 分开始用 1 号翻车机上煤，9 时 40 分翻车机落煤斗拉空，上煤结束，停运翻车机。8 时 33 分班长王××私自电话联系当地农民工王××（男，47 岁）来厂帮助清理煤斗、煤箅子，王××9 时 30 分左右到达燃料运行班，11 时，班长王××安排翻车机两位值班员去打扫卫生，自己负责翻车机煤斗、煤箅子清理的现场监护工作。11 时 10 分左右，农民工王××系好安全带（加长绳约 6m），班长王××将加长安全绳缠绕在邻近水泥柱上一圈用手拉紧后，让农民工王××慢慢进入煤斗，用铁铲进行清掏。在清掏过程中，煤斗壁北侧积煤突然向南塌陷，将王××埋入煤中。事故发生后，班长王××立即组织其他成员进行抢救，11 时 25 分左右王××被救出，立即在就地进行人工呼吸并及时向领导做了汇报，11 时 35 分送往就近医院进行抢救，于 12 时 20 分抢救无效死亡。

二、原因分析

(1) 王××严重违反有关现场用工管理工作的规定，私自雇工，并违反《电业安全工作规程》规定，安排临时工进入有煤的煤斗内进行工作，没有按照《电业安全工作规程》要求采取可靠的安全措施。

(2) 王××在农民工工作前只是口头简单交代了要戴好安全帽、系好安全带等基本安全注意事项，但对清理煤斗存在的坠落、坍塌等安全隐患未进行深入细致的危险点分析和采取切实可行的安全措施，违章盲目工作，是造成该次事故的直接原因。

(3) 农民工王××安全意识淡薄，对存在的安全隐患分析、认识不清楚，安全措施执行不力，对王××的违纪、违章行为盲目服从，在没有做好切实可行的安全措施的情况下，深入到煤斗北角沉积煤的陡坡下侧进行桶堵煤，致使沉积煤坍塌，违章作业是造成该次事故的主要原因。

(4) 作业过程中安全措施不当，作业方法不正确，监护不力也是造成该次事故的直接原因之一。

(5) 临时用工管理制度的执行以及落实上管理不到位，对员工个人违纪、违章行为检查、监督管理不到位，使现场违章、违纪现象未得到及时制止，是造成该次事故的间接原因。

三、暴露出的问题

(1) 外包人员安全技能不足，没有能力对现场危险点进行分析，也无法做好事故预想工作，没有反违章指挥的安全意识，盲目服从指挥。

(2) 外包管理工作有漏洞，用工管理不严格，不按规章制度落实各项规定，班长安全意识淡薄，擅自雇佣未经安全教育的外来人员。

(3) 运行班长对外包人员未进行安全培训，现场安全交代针对性不强，致使安全培训的作用不能得到体现，没有提高外包人

员自我保护能力和防范意识。

四、防范措施

（1）加强发包工程与生产现场的用工管理，严格执行《电力生产发包工程安全管理工作规定》，认真做好发包工程的资质审查。本企业不能完成的工作，必须以发包工程的方式对外发包。确实需要雇佣外来用工的，要签订合同期两年以上的合同，并保持其工作岗位固定。对于合同用工，要视同正式员工一样进行安全教育培训和管理。

（2）加强员工队伍管理，严肃劳动纪律，严禁任何车间、班组和个人，以本车间班组和个人的名义对外发包工程，雇佣各类外来用工人员，一经查处必须严肃处理。

（3）在现场作业时要严格执行“两票三制”制度，做好危险点分析与预控，采取切实措施保障作业人员的安全。

案例六 违反操作规程造成翻车机自转事故

一、事故经过

2008 年 4 月 19 日 16 时 30 分至 20 日 1 时，某发电厂燃料运行部四班当班。接班前检查 1、2 号翻车机设备无异常，四道有重车 38 节待卸。16 时 52 分轨道衡值班员通知四道重车可以卸车，16 时 55 分启动 2 号翻车机系统开始卸车，经甲路输送系统堆料四煤场。19 时 50 分四道重车卸空，重车调车机将最后一节空车推出翻车机。在重车调车机推空车过程中，翻车机主值潘××令值班员陈××停止翻车机运行，陈××操作翻车机就地操作箱内的“手动自动切换”按钮由自动到手动，停止 2 号翻车机油泵运行，变频器分闸。当空车推出翻车机本体约 1/2 时，突然发现 2 号翻车机本体出现正向翻转现象，本体侧和迁车台就地值班员立即按“急停”按钮，翻车机本体定位于正转方向约 15°停止。翻车机系统停止运行后，检查发现翻车机内车辆出现扭转，前转向架脱离轨道（未掉道），后转向架移位但未完全脱离轨道。

二、原因分析

(1) 生产技术部组织设备厂家等相关人员对翻车机工作原理和工作程序进行检查，排除了翻车机程序出现紊乱和人员误操作的可能。

(2) 2号翻车机的制动器在长时间运行后抱闸松动是导致该事件发生的直接原因。翻车机的停止是靠制动器实现的，制动器在长时间运行后，抱闸和刹车毂间隙增加，制动力矩小于偏心力矩时便自动开始转动。但重调机车钩仍然和翻车机内的车辆车钩相连，致使翻车机在自转时又受到重调机的拉力，因此翻车机在自转一个角度后停下不再转动。

(3) 燃料运行部运行人员操作中违反《燃料运行规程》的规定，在翻车机系统自动运行流程尚未完成以前就将运行状态从自动改为手动，对该事件的发生负一定责任。

(4) 维护人员未加强设备维护，没能及时发现设备存在的隐患，对该事件的发生负一定责任。

三、暴露的问题

(1) 运行值班员严重违反“两票三制”，未认真执行《电业安全工作规程》、标准和制度的有关规定，未对现场设备状态做认真分析，盲目操作。

(2) 安全教育存在不足，反习惯性违章工作未收到实效，员工安全意识淡薄，习惯性违章行为屡禁不止，工作随意性大。

(3) 设备管理存在死角。设备隐患未及时得到处理，长期带病运行，维护人员工作责任心不强，未履行自身安全职责。

四、防范措施

(1) 燃料运行部要加强设备的运行巡视检查，将所有燃料系统的制动器的巡视检查列入定期工作，并将定期工作执行情况按时上报生产技术部。

(2) 加强燃料运行人员《燃料运行规程》的培训工作，部门要定期组织《燃料运行规程》考试，要让每位运行人员全面掌握、严格遵守。

（3）为了使运行值班人员对设备出现问题后及时有效处理，在两侧翻车机空车线墙壁上均增加一个“急停”按钮。

案例七 安全措施未执行导致一人坠落死亡事故

一、事故经过

2005年12月8日上午，因气温低，某电厂铁路卸煤机变速箱齿轮油黏度大，不能开动。工作人员将变速箱地脚螺栓、电动机与变速箱联轴器（输入端联轴器）螺母拆下，螺杆部分退出，电磁抱闸拆除，变速箱输出端联轴器为活联结未拆除。由于吊车起吊不便，改用对变速箱用蒸汽加热放油。在加热过程中由于油熔化，螺旋体机构下降，带动变速箱转动，变速箱移位，切断电动机与联轴器未抽出的螺栓，从9.45m高处落下，将旁边工作的燃料运行部检修班员工王××刮下，王××身体落入下部火车箱内，经抢救无效死亡。

二、原因分析

直接原因：在卸煤机变速箱拆卸过程中，拆除了地脚螺栓和电磁抱闸，却未采取相应的防范措施，作业人员也未扎安全带。当变速箱转动移位时，将在变速箱主体支架上工作的王××刮落。

三、暴露出的问题

（1）作业危害分析不全面，在工作中，工作负责人未落实“两票三制”的相关规定，没有对工作班成员进行危险点告知。

（2）电厂反习惯性违章工作未取得实效，工作人员对习惯性违章行为已经产生了麻痹心理，在高空作业不悬挂安全带也无人制止。

（3）现场管理混乱，没有采取安全措施，对工作中可能出现的危险没有进行事故预想，未做好应对措施。

四、防范措施

（1）加强安全第一的思想教育，提高员工安全意识，严格执行有关规程，作业前要认真分析危险点和事故预想，制定安全措施。

(2) 认真开展安全学习，学习内容要有针对性，对事故案例要用“四不放过”的原则分析讨论，总结经验教训，制定措施。

(3) 高空作业必须系好安全带。

案例八　违章强行通过翻车机平台造成人身死亡事故

一、事故经过

2004年3月13日11时50分，某发电厂燃料运行部值班人员按计划进行翻车作业。12时10分，在翻卸过程中运行人员从翻车机平台上强行通过，在平台与重车调车机间被挤住，后经抢救无效死亡。

二、原因分析

违反《燃料运行规程》和《输煤设备技术保障措施》中严禁任何人从翻车机平台和作业区内通行的规定，未走规定的安全人行通道，从翻车机平台上行走，被工作的翻车机与返回的重车调车机挤住，是造成事故的直接原因。

三、暴露出的问题

(1) 工作人员习惯性违章行为严重，电厂反习惯性违章工作没有取得实效，没有提高员工的安全意识和防习惯性违章能力。

(2) 安全措施执行不到位，《电业安全工作规程》规定没有得到有效落实，员工对待危险源麻木不仁，习惯性违反安全规定作业。

(3) 电厂安全教育缺乏针对性，《电业安全工作规程》考试流于形式，电厂领导片面追求《电业安全工作规程》考试的高成绩，忽视结合现场实际进行安全教育，切实提高员工的安全技能。

四、防范措施

(1) 严格执行《电业安全工作规程》及有关安全规定。

（2）习惯性违章作业已成当前安全生产中的大敌，习惯性违章作业所以屡禁不止，是领导和员工的安全意识淡薄，法制观念不强，因此，要求所有人员应自觉增强安全意识和法制观念，强化安全生产措施，发动员工同各种习惯性违章行为做斗争。

（3）认真抓好安全教育，要有针对性地进行安全培训，提高安全意识，考试合格后方可上岗工作。

案例九 运行人员工作失职造成空车线车厢脱轨事故

一、事故经过

2010年6月21日夜班，某电厂燃料运行部二班在接班时输煤系统2号线剩余重车31节，接班后班长牟××开始组织卸车。3时左右开始下暴雨，为了不影响卸车，牟××对翻车机值班员交代了大雨卸车安全注意事项后，安排继续使用1号翻车机系统卸车。4时30分，1号空调机在推倒数第二节空车时（车号为1504807），翻车机两侧的值班员均听到空车线有异常声音，随即到空车线进行检查，发现1号空调机空车钩掉落在1号空车线轨道中央，车号为1504807的车厢靠西端的第二组轮对脱轨，值班员立即停止设备运行，并及时汇报班长和部门领导。该起事件发生后，经检查确认，五辆车厢造成不同程度损坏。

二、原因分析

（1）经现场检查和分析确认，1号空调机车钩在推送倒数第四节车厢时，空调机车钩就由于轴断裂已掉落在空车线轨道中间。当班翻车机迁车台侧值班员未及时发现该明显异常情况，致使推送底盘相对较矮的倒数第二节（C70车型）车厢的过程中，空调机车钩将该车厢顶起，造成第二轮对脱轨。当班翻车机迁车台侧值班员，在卸车过程中，没有严格按照迁车台侧值班员的“规定工作程序”完成应有的巡视和检查，巡视检查例行工作严重不到位。导致空调机车钩在运行中掉落这一极易检查发现到的异常情况未能及时发现和采取相应措施，未能有效避免“完全能避免的不安全事件”，规定工作程序截流、走样，对待工作敷衍、应付，缺乏最基本的职业素养，工作责任心严重欠缺，工作严重失职，是导致1号空车线车厢脱轨的直接原因。

（2）从1号空调机车钩轴断裂面调查，确认是由于疲劳损伤后再次受到强力冲击后断裂的，事发前设备维护部门和单位一直未对此车钩进行解体检查和维护。设备预防性维护工作不到位，存在漏洞盲区，组织管理工作不力，预防预控工作未真正落到实处，是导致1号空调机车钩轴断裂掉落，诱发车厢脱轨的主要原因。

（3）燃料运行部二班班长牟××，作为该班的安全第一责任人，未严格履行班长安全职责，对班员的日常教育、工作监管等存在严重不足。

（4）燃料运行部分管运行副主任李××，未严格履行分管工作安全职责，对运行班组工作监管不到位，运行人员的责任心教育和思想动态掌控不足，未认真吸取类似事件教训，未采取有针对性的措施加以防控。

（5）燃料运行部主持工作副主任罗××，同时分管设备维护，未认真履行部门安全第一责任人和分管工作的安全职责，对预防发生可能严重影响公司整体形象和接卸煤工作的事件未引起足够重视，对本部门员工管理、教育培训、执行力以及设备预防性维护工作的领导组织方面存在疏漏和不足，未针对部门人员和现场设备暴露出的问题、不良苗头采取切实有效的措施、手段加以改进。

三、暴露出的问题

（1）运行管理不到位，运行值班员严重违反“两票三制”，未认真执行《电业安全工作规程》、标准和制度的有关规定，责任心差，习惯性违章严重，工作随意性大。

（2）设备管理存在漏洞，未针对现场设备暴露出的问题采取切实有效的措施加以改进，没有及时消除设备缺陷和隐患，使设备长期不安全运行。

（3）安全管理存在真空地带，未真正落实“安全管理，层层有人负责，并把工作落到实处”的严格要求，未能做到事故预想和防范措施落实的有效结合。

四、防范措施

（1）要求燃料运行部认真吸取类似事件教训，立即组织召开部门工作会议，认真总结、深入研究分析本部门安全生产工作在领导、组织、管理、执行力、教育培训、激励机制等方面存在的突出问题。从落实岗位安全生产责任制入手，强化责任意识和敬业精神，强化业务技能培训和工作监管，强化部门内部责任追究与考核，强化按劳分配工作，转变工作作风，改进工作方法，理顺部门安全生产管理工作，切实调动员工工作积极性和主动性。

（2）要求各部门、维护单位引以为鉴：①认真贯彻落实“安全发展、预防为主”安全理念，强化管理和组织，强化“计划、布置、检查、考评”四落实工作，切实将预防性维护工作做细做实，不留死角和漏洞，努力实现安全生产可控在控；②高度重视安全生产管理工作，切实增强责任意识，要将强化管理、落实责任、严格追究当做当前安全生产头等要务来抓，特别是安全生产各级管理人员，要清楚身上的责任，要履行身上的责任，通过层层落实责任促进安全生产管理水平。

（3）希望公司全体员工“以案为鉴，懂法明理”，能通过该次事件举一反三，全面剖析自己在工作中存在的问题和不足之处。调整心态，端正态度，提高认识，不断学习，切实履行本岗位工作职责，遵章守纪，扎实工作，坚决保证安全生产。

（4）要求燃料运行部针对空调机车钩轴易疲劳损伤、断裂的情况，落实每半年定期拆卸解体检查维护一次，同时及时组织对翻车机系统进行一次全面的排查，确保翻车机系统各联锁、保护装置均能正常投入和动作，提前消除事故隐患。

案例十　管理制度松懈造成煤炭自燃未发现烧毁部分皮带事故

一、事故经过

2005年6月7日21时30分，某电厂火车运来41节黄陵四二〇矿长焰煤，燃料运行人员当即采用翻车机方式给机组上煤。22时35分，机组上煤结束。

6月7日22时40分，开始由翻车机向煤场堆煤。6月8日0时35分，煤场堆煤工作结束。协议工孙××开始检查设备，未发现异常情况，1时左右回到休息室。6月8日1时35分，燃料运行部一班程控值班员焦××和张××发现11号皮带所有犁煤器的位置信号全部失去，立即通知值班员温××。1时40分，燃料运行部程控室5台工业电视黑屏。

6月8日1时45分，燃料运行部三班接班人员刘××（翻车机值班员）、王××（0、1号皮带值班员）巡检至距1号转运站100m左右处时闻到焦煳味，进而发现1号皮带处无照明，浓烟冒出，立即向班长姚××汇报。随后刘××从翻车机处下去查看1号皮带尾部无明火（由于1人巡检时，烟味扑鼻，未下到底）、烟气不大。姚××派副班长付××确认后立即报了火警。

6月8日1时50分，公司消防队赶到现场扑救。由于浓烟较大，2时06分保卫科副科长韩××向县消防中队报警求援。2时36分，县消防中队赶到，4时30分扑灭明火。该次事故造成1号甲、乙皮带部分烧毁，直接经济损失12.9万元。

二、原因分析

该次事故的主要原因是来煤挥发分高（干燥无灰基挥发分为37.85%），事发当日气温高，煤在列车中已自燃，翻车后滞留在皮带表面。燃料运行部值班人员思想麻痹，安全意识淡薄。尤其是皮带停运后对设备检查、监视松懈，程控监盘人员交班前全部离岗打扫卫生，使皮带从0时50分至1时40分之间处于无人监视的状况，事故隐患没有及时发现和排除，最终导致事故的发生。

三、暴露出的问题

(1) 电厂各项安全措施落实不到位，各种安全教育走过场，员工安全意识淡薄，思想麻痹大意，对设备危险点认识不足，没有做好事故预想。

(2) 运行人员责任心不强，劳动纪律性太差，违反《电业安全工作规程》规定，擅离职守。

(3) 现场管理混乱，设备长期积煤、积粉无人清理，管理人员监督不到位，安全人员监察失职，对安全隐患疏忽大意。

四、防范措施

(1) 严格执行《电业安全工作规程》和《设备巡回检查制度》，做好交接班工作。

(2) 加强安全教育学习，提高安全意识。

(3) 禁止带有火种的煤进入皮带，在室外要彻底扑灭。

(4) 严格履行各级安全生产责任制，明确责任，重在落实。

(5) 搞好输煤现场的文明生产工作，及时清理现场的积煤、积粉。

案例十一 车辆编组不正确导致迁车台平板车脱轨事故

一、事故经过

2011 年 1 月 31 日 7 时 50 分，某电厂燃料运行部四班翻车机主值班员谭×在接班时发现 2 号线来车中插有两节超长平板车(平板车长 13.8m，正常煤车为 12.5m，翻车机和迁车台适用车长为 11.938～13.438m，迁车台总长度为 14.5m)，于是将情况汇报给了班长徐××。徐××又将该情况向部门维护专工王××做了汇报，王××回复说可以试试将平板车通过翻车机本体从迁车台推出。8 时 30 分，运行专工冯××到翻车机检查，翻车机主值班员谭×又将该情况向他进行了汇报，冯××要求联系机车来迁走，谭×回答已经汇报了部门维护专工王××，王××的意见是从牵车台试着把平板车给推出去。当时燃料运行部三位主任均在参加公司周例会，为避免耽误太多卸车时间，冯××也同意按此方案进行处理。8时40分，王××和冯××均到翻车机现场，王××在对平板车长度以及能否通过重车调车机齿条进行测量后，认为可以采用“手动方式”让其通过。8时50分，冯××令翻车机值班员谭×将1号翻车机系统切换到手动方式，操作1号重车调车机将平板车从翻车机本体向1号迁车台推进。在推进过程中，王××站在迁车台的重车调车机侧、冯××站在迁车台操作箱侧进行指挥，翻车机值班员李×竟站在迁车台止挡器侧进行监视。当平板车进入迁车台后，因车辆较长，重车调车机停运前，平板车前轮已撞上止挡器，致使平板车前端腾空，造成平板车前端一组车轮掉落轨外。事件发生后，燃料运行部运行人员随即汇报了部门主任，并组织进行处理。生产技术部、安全监察部在得到通知后也立即赶到现场，组织当事人对事故原因进行了分析。13时30分，在外委维护单位和吊车的协助下，受损平板车顺利复轨并被推至空车线。

二、原因分析

(1) 铁路部门将超长平板车送入厂内，其长度超过了重车调车机推空车入迁车台摘钩时与迁车台止挡器间的安全距离，致使平板车前端撞上止挡器腾空，车轮脱落，是造成此次事件的主要原因。

(2) 燃料运行部运行专工冯××和维护专工王××，在指挥处理现场异常事件过程中，虽然根据测得的数据和原来的经验，判断平板车能够通过，但对困难估计不足，考虑问题不周全，没有清醒地认识到本次来的平板车比以往的异型车长很多，导致决策失误，是造成此次事件的次要原因。

(3) 翻车机主值班员谭×在接到部门专工的操作命令后，在操作过程中对部门运行专工下达的停车指令没有听清，没有及时停车是造成此次事件的次要原因。

(4) 燃料运行部内部管理不善，职责分工不明确。运行班长在得知异型车辆入厂的汇报后，没有将该情况及时向运行专工和

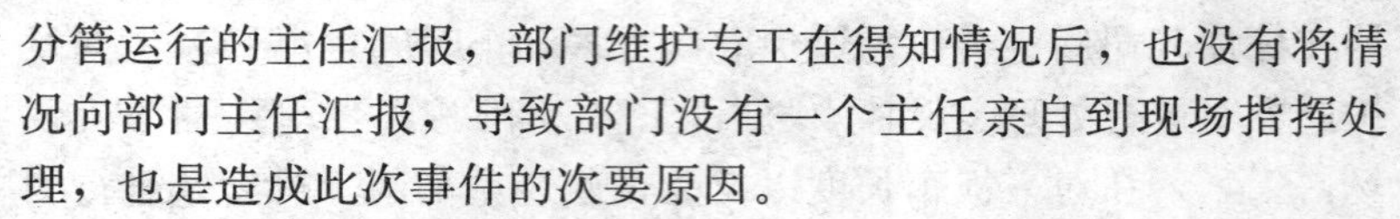

分管运行的主任汇报，部门维护专工在得知情况后，也没有将情况向部门主任汇报，导致部门没有一个主任亲自到现场指挥处理，也是造成此次事件的次要原因。

三、暴露出的问题

(1) 部门内外联系机制失效，对外不能有效协调铁路部门安排适用车辆，导致出现异型车，对内不能及时通知相关领导到现场协调处理，工作中联系不顺畅，导致事故得不到预防。

(2) 对现场危险点分析不足，事故预想机制不完善，安全防范措施未落实，应急预案不健全，安全管理存在漏洞。

(3) 部门内部安全职责不清，各级岗位人员到位制度未得到有效落实，部分岗位人员违章指挥，违章作业，运行人员反违章能力不足。

四、防范措施

(1) 要求燃料运行部加强部门管理，严格落实安全责任，端正工作态度，做到下级对上级负责；要对历年来发生的不安全事件进行汇编，下发班组学习。

(2) 要求燃料运行部从上到下加强人员的技术培训工作，加强事故预想，对危险点要分析透彻并加强防范，不能抱着试一下的态度进行工作；要强化设备的巡视检查和运行现场指导监督工作，发现异常采取有效措施进行及时处置，防止事态扩大。

(3) 要求燃料运行部根据该次事件经验教训，立刻总结以往异型车入厂的处理经验，根据异型车尺寸大小，分别列出处理措施和完善相关运行规程，下发各值进行学习领会。

(4) 要求燃料运行部加强与铁路部门的沟通与联系，应尽力避免异型车入厂。一旦发现异型车入厂，应及时通知铁路部门将异型车迁走，避免影响正常的卸车工作。

案例十二 电缆绝缘老化煤粉长期未清理造成控制电缆烧损事故

一、事故经过

2011 年 12 月 17 日，某电厂燃料运行部三值中班，接班后 2

号线余车43节，16时40分4号线对车43节，17时20分通知卸车。16时30分启动流程：1号翻车机与2号斗轮机掺配上仓1号炉C、F仓，2号炉E、F仓。18时20分，1、2号皮带值班员江××汇报2号甲皮带尾部墙角侧电缆桥架上电缆短路冒火星（电缆桥架离地面约有2m多高），班长何××立即下令停止卸车流程，马上跑到现场，此时江××、翻车机值班员叶××、陈××以及清煤工黄××、梁××已经用就地灭火器对电缆槽盒冒火星处进行处理。在此期间，18时28分～18时33分备用设备2号乙皮带自启动，发现后就地用拉绳开关拉停，在有拉绳保护的情况下，2号乙皮带又自启动两次，同时3号甲皮带运行中也发生跳闸。班长何××将翻车机配电室1、2号甲、乙皮带，3号甲皮带停电后，立即联系维护人员郑××处理。

二、原因分析

（1）2009年9月20日，1号甲皮带的控制电缆在该次故障点附近曾经发生短路，维护人员对故障点的电缆绝缘进行过包扎处理。由于输煤系统工作环境较差，电缆长期处于潮热的环境中，绝缘逐渐老化、电缆短路是导致引燃电缆桥架上积粉的直接原因。

（2）燃料运行部在防止输煤系统着火的工作上未严格执行生产技术部下发的防止输煤系统着火的防范措施及要求，对安全监察部提出加强输煤系统电缆桥架及电缆槽盒积煤（粉）定期清理的要求未引起重视，在执行防范措施上不全面、不完善、不到位。对该事件发生负主要管理责任。

（3）生产技术部、安全监察部虽然提出要求，但在过程管理和监督工作上不到位，对该事件发生负管理责任。

三、暴露出的问题

（1）现场管理存在死角，设备上积煤、积粉未及时清理，日常巡检和维护忽视电缆槽的检查。对过往设备故障未立档加强检查，对危险源辨识工作的重要性认识不足。

（2）运行管理工作不严密，对设备积煤、积粉存在的问题没有充分认识和采取有效措施，对防范重大事故的措施执行不到位，运行人员处理异常情况的事故预想存在漏洞。

（3）各级安全监督不力，安全技术措施执行不到位，对各级安全生产责任制落实不力，对有关规章制度、规程的建立健全检查督促力度不够。

四、防范措施

（1）要求燃料运行部强化执行力，严格执行《掺烧印尼褐煤期间防火灾措施》的要求，落实责任人在每次上仓和卸车完后对输煤系统进行检查并做好相关记录，同时要求燃料运行部运行人员加强设备巡查力度，发现异常及时处理；要求燃料维护人员切实做好预防性维护工作和设备文明生产工作，特别加强输煤系统内电缆桥架、电缆槽盒、检修电源箱内的积煤、积粉的清理工作，防范同类事件再次发生。

（2）要求安全监察部、生产技术部切实履行安全管理职责，对工作中暴露出的问题和薄弱环节深入组织分析，查缺补漏，采取有力措施及时改进，确保整体安全。

（3）各部门认真吸取教训，举一反三，对安全工作齐抓共管，层层落实责任，加强对重点防火部位的巡视检查力度，落实相关防范措施，认真排查治理火灾隐患和管理薄弱环节，切实把消防安全工作抓细抓实抓好，严防火灾事故的发生。

案例十三 违反安全规定造成人身伤害事故

一、事故经过

2003 年 2 月 13 日 9 时 30 分，某电厂煤管班长李××在检查入厂煤采样制样设备时，发现入厂煤自动采样螺旋给料机有摩擦声，随即要求在此路过的检修人员巩××前去查看。巩××未能判断出故障点，此时，李××在设备未停止运行的情况下掀开给料机护板，将左手（戴手套）伸入内部为巩××指明故障点，造成左手小拇指骨折。

二、原因分析

李××在给检修人员指明摩擦部位时，将手伸入转动设备内部是一种违章行为，是造成此次伤害事故的直接原因。检修人员巩××对发生在眼前的违章行为不制止，是造成此次伤害事故的间接原因。

三、暴露出的问题

这是一起由于人员作业违章造成的人身伤害事故。暴露事件的直接责任者没有掌握《电业安全工作规程》的有关规定，安全知识学习的力度不够，安全工作的思想观念淡薄，自我保护意识差，同时也是暴露了燃料运行分场对员工的安全教育培训工作做得不到位，亟待加强。

四、防范措施

(1) 加强员工安全教育培训工作力度，有针对性地进行人员技能培训，提高职工的自我防护意识和自我防护能力。

(2) 加大反违章工作的力度，坚决杜绝各类违章现象的发生。各部门的安全第一责任人及安全员，要认真组织开展反违章活动。

(3) 坚持利用每周安全活动日的安全活动，加强安全知识学习，提高工作人员的自我防护能力，做到有内容、有措施、有记录。

(4) 各班组要从这次事故中吸取教训，举一反三，制定防范措施，防止类似事件的发生。

案例十四 工作人员麻痹大意造成人身伤害事故

一、事故经过

2008年9月29日22时20分，某电厂翻车机对人57节煤车，集控运行人员通知调运班煤场管理员康×安排某外包人员采样。22时30分，采样人员郭××采完第一节煤车时，在第一节往第二节车厢跨越时踏空（左脚踩到右脚鞋带，右脚没有迈出，两节车厢距离800mm)，郭××趴在第二节车厢上，造成左肋骨轻伤。

二、原因分析

(1) 工作中图省事，车厢之间直接跨越是造成此次事件的主要原因。

(2) 采样人员郭××由于长期从事此项工作，思想麻痹大意，自身防护不到位，是造成此次事件的直接原因。

三、暴露出的问题

(1) 燃料运行部煤场采样的安全管理存在死角，对采样工作存在的危险点分析预控不力，部门对外委队伍人员工作过程监督管理不到位，为事故的发生开了方便之门。

(2) 煤场采样管理人员对外委人员的安全技术交底不全面，对采样缺乏必要的工作指导，对存在的安全风险缺乏认识。

(3) 公司内部安全管理不到位，采样人员流动较频繁，且没有严格执行《电业安全工作规程》等相关规定。

(4) 采样人员郭××个人防护意识不强，防护用品佩带不全，属于习惯性违章。

四、防范措施

(1) 严禁采样人员在工作过程中直接跨越车厢，必须从车厢扶手爬梯依次上下。

(2) 在夜间采样时，采样人员必须佩带手电筒。

(3) 运行人员在通知采样时，如一列煤车中间有空车时，应及时通知采样人员为第几节车厢有空车，防止人员踏空，造成人身伤害。

(4) 燃料运行部每月对外委人员进行安全教育培训和安全交底，并组织外委人员学习有关输煤事故案例。

案例十五 运行人员经验不足造成迁车台空车脱轨事故

一、事故经过

2010年11月15日，某电厂燃料运行部运行三班白班，14

时10分，2号线对重车4节，14时50分轨道衡通知卸车，班长何××通知各岗位值班员做好卸车准备，各岗位值班员检查设备无异常后于15时15分启动1号翻车机至1号斗轮机的卸车流程。翻车机系统自动运行，第一节重车牵入翻车机本体定位后，值班员发现压车、靠车动作正常，但靠车、压车信号灯不亮，监护操作的翻车机值班员叶××汇报班长何××。班长何××令翻车机值班员确认压车、靠车正常后采用"调试方式"运行。第一节重车翻卸完毕后值班员蒙××将1号翻车机系统切回自动运行时发现压车和靠车信号又恢复正常；第二节重车牵入翻车机本体定位后，重车调车机重车钩无法自动提钩销。叶××向在翻车机处的维护人员反映了这一情况，检修人员叫先将重车翻卸完毕后再处理，于是翻车机本体值班员蒙××采用手动方式操作将重钩销提销，把第一节空车推入迁车台，重车调车机抬臂至90°返回，蒙××返回翻车机本体将调试切换至自动运行翻卸第二节重车。重车调车机返回将第三节重车牵入翻车机本体定位后，重车钩仍无法自动提销，蒙××继续采用手动方式操作重钩销提销，把第二节空车推入迁车台，重车调车机抬臂至90°并返回到位，蒙××又返回翻车机本体侧将调试方式切换至自动运行操作。此时迁车台值班员罗××发现第二节空车没有完全进入迁车台，于是用对讲机呼叫蒙××，在迁车台位置监视本体压车、靠车的值班员叶××见状也大声呼喊蒙××。但由于设备运行的噪声较大，蒙××没有应答，与此同时迁车台也开始迁往空车线，叶××跑向迁车台就地操作箱按下"急停"按钮，翻车机系统停止时，迁车台向空车线行走约1m，造成空车掉轨。

二、原因分析

(1) 翻车机值班员进行重车调车机在手动操作推车的过程中，没有按照"规定动作"完成推车，即在提重车钩后没有继续将空车完全推上迁车台，就手动将重车调车机抬臂并返回至翻车机本体监护侧位。迁车台侧值班员监护不到位，重车调车机在将空车推向迁车台并返回，迁车台侧的值班员在整个运行过程中均没有发现空车未完全进入迁车台。翻车机值班员的操作失误是造成此次事件的直接原因。

（2）翻车机值班员对于处理异常的经验不足、方式欠妥，迁车台侧的值班员在已发现异常情况后，不是马上按“急停”按钮或是将“自动”转换为“手动”，而是采用对讲机呼叫，延误了处理异常的时机，致使异常情况扩大化，是导致此次事件的主要原因。

（3）燃料运行部运行指导监督工作不到位，在关于翻车机的“调试”运行方式中，《燃料运行规程》有相关的规定“翻车机主值监护并念操作步骤，由值班员操作”，对此燃料运行部没有引起足够的重视，没有提醒班组人员按照“规定步骤”完成“规定动作”，没有及时纠正现场出现的违反规程的操作方式和操作手段。人员安排结构不合理，翻车机的三个值班员中有两个值班员才学习了三个月时间就独立上岗，缺乏异常情况时的判断和处理能力，缺乏有经验的师傅进行现场指导。燃料运行部管理工作不到位是导致此次事件的主要原因。

（4）燃料运行部新进人员较多，没有完全按照现场的实际情况进行“现场学习—培训讲解—现场再学习—再培训讲解”这样一种重复有效的培训模式，致使值班员既不熟悉运行规程，也不熟悉异常处理方式。燃料运行部的培训工作不到位是导致此次事件发生的另一个重要原因。

（5）翻车机值班员工作态度不端正，工作责任心不强，对设备检查不认真、不细致是导致此次事件发生的次要原因。

（6）在此次事件中，暴露出燃料运行部对发生过的同类不安全事件没有引起高度重视，没有积极主动采取有针对性的措施，燃料运行部预防性维护工作还存在着差距和不足。设备缺陷是导致此次事件发生的一个“诱因”。

三、暴露出的问题

（1）运行值班员严重违反“两票三制”，责任心差，思想麻痹大意，习惯性违章行为严重，未对现场设备状态做认真分析就盲目操作。

（2）安全教育流于形式，培训工作不到位，造成运行人员安全意识淡薄，技能水平不高，经验不足，在紧急故障情况下应变能力差，综合分析、判断能力不够。

（3）各级安全监督不力，安全技术措施执行不到位，现场工作随意改变标准作业顺序，人员安排不合理，安全管理不到位，对以往发生的多起类似事故未能及时组织深入调查分析，未认真吸取教训。

（4）运行管理工作不到位，运行人员处理异常情况的事故预想存在漏洞，对防范重大事故的措施执行不到位。

四、防范措施

（1）要求燃料运行部加强部门管理，增强员工的工作责任心，燃料运行部管理人员要高度重视目前部门所存在的问题，不等不靠，积极主动采取相应措施，强化设备的巡视检查和运行现场指导监督，发现异常采取有效措施进行及时处置，防止事态扩大。

（2）要求燃料运行部加强运行人员的技术培训工作，特别是对新员工的安全技能和专业技能培训工作，在培训方式、方法上采取多种行之有效的手段，使各岗位运行人员能够快速、准确地掌握运行操作方法和异常情况的处理方法。

（3）要求燃料运行部加强翻车机的“调试”方式的钥匙管理，严格执行运行规定的操作模式，使用该钥匙时必须经过班长同意，并要主值进行监护作业。

（4）要求燃料运行部加强设备的预防性维护工作，特别是对于卸车系统即将大量进煤后将承受巨大的压力，应每天都及时了解设备的运行状态，根据运行方式对设备进行动态、静态的检查，对检查出来的问题立即处理，并派专人负责，杜绝类似缺陷的重复发生。

案例十六　管理工作不到位造成人身触电死亡事故

一、事故经过

2012年6月24日18时左右，由于突降暴雨，造成某发电厂燃料运行部2号牵车台负米积水严重。20时左右燃料运行部一班班长李××通知某实业公司翻车机主值张××及当班值班员李××等4人进行排水作业，并通知承担燃料检修的外委某安装工程有限公司电气检修班长王××接潜水泵，王××安排该公司电气值班人员商××（无电工证）前往牵车台为潜水泵接线。商××在翻车机变频柜内备用开关下口处给潜水泵接线后，潜水泵启动抽水正常。

20时35分左右，水位抽至低位时泵不打水，张××认为潜水泵堵塞，将潜水泵停电后，通知李××等人用铁钩子活动潜水泵，消除堵塞，张××在配电室负责拉合空气开关启停泵。

20时40分左右，张××听到李××说了一声“好了”后，启动潜水泵；送电后张××听到有喊叫声，立即将潜水泵停电，并前往牵车台，发现李××躺在负米。班长李××通过监控电视发现这一情况，立即拨打了120急救电话，同时汇报电厂有关领导。李××经抢救无效，于25日凌晨0时30分死亡。

二、原因分析

（1）事故后，经解体检查发现该潜水泵两相断线，内有焦煳味；测电动机绝缘对地为0MΩ，相线与泵体构成回路，导致单相接地，泵体带电。

（2）电气检修值班人员商××违章作业：①电气接线人员无证作业；②未将潜水泵电源接入到检修电源箱内；③接入临时电源时没有按规定接漏电保护器，失去了保护接地措施；④潜水泵电源线四芯电缆缺少一根零线，实为三芯电缆，不符合潜水泵使用规定的情况下，未汇报班长擅自做主取消零线接线后送电；⑤潜水泵空气开关选择不当，容量过大，潜水泵功率为3kW，电流为6.5A，而选用的开关容量为63A，潜水泵故障时空气开关未能及时跳闸。

（3）翻车机值班员李××等人没有按潜水泵使用规定用绳索，而是采用金属铁丝、铁钩子固定、挪动潜水泵；翻车机主值张××违章送电，在李××等人挪泵工作没结束未脱离铁钩子退至安全区域，且未发出明确要求合闸指令的情况下，即擅自合上潜水泵电源开关送电。

(4) 个人安全防护不到位，绝缘鞋因暴雨而进水，失去绝缘保护作用，在送电后电流通过手抓铁钩子的李××形成回路，导致李××触电跌入牵车台负米。

(5) 翻车机牵车台负米排水不畅，暴雨后导致积水严重，是事故发生的间接起因之一。

三、暴露出的问题

(1) 电厂外包管理混乱，外包工作以包代管，不考核承包单位资质和人员素质，致使外包人员无证上岗，对外包人员安全教育缺失，导致外包人员安全意识淡薄，自我保护能力差。

(2) 电厂安全管理失职，现场安全隐患未及时发现和处理，人员习惯性违章行为屡禁不止，个人安全防护用品使用不到位，安全措施落实不彻底。

(3) 电厂现场管理工作不到位，设备缺陷长期存在，工作人员劳动纪律涣散，各项应急预案未得到有效落实。

四、防范措施

(1) 强化责任，狠抓落实，全面做好迎峰度夏、防洪度汛工作，预判各类风险，制定相应的组织管理和技术方案措施，并监督落到实处，通过切实有效的管理，提高抗风险能力，确保迎峰度夏、防洪度汛期间安全生产平稳有序。

(2) 要深刻吸取事故教训，建立和完善潜水泵等各类移动设备，应急装备定期检查、维护，使用制度，完善故障处理和安全使用规范；要明确用电设备必须由有资质的人员进行维修和消缺，并试验合格后才能使用；对检修电源、检修电源箱、临时电源箱（盘）、电动工器具进行普查，消除隐患，保证电气设备的安全性能，加强外包工程和临时用电管理，杜绝同类事故的重复发生。

(3) 要强化作业人员安全意识教育，强化技能培训，特别是外包作业人员，要严格外包队伍资质和承包商员工的资格审查，认真落实现场安全交底，加强现场作业风险管控，努力提高承包商员工的安全素质和作业技能水平，杜绝各类违章行为的发生。

（4）要做好排水设施的检查维护和消缺工作，检查疏通地下排水管网，清理厂外排洪渠沟杂物，保证全厂0m以下排水设施安全可靠，保障厂区内各处排水畅通。

案例十七 运行人员工作不集中导致空车脱轨事故

一、事故经过

2007年1月24日，某发电有限公司燃料运行部运行丙班当值，15时入厂22节重车，与1号翻车机对位后，16时左右开始翻卸作业，作业为自动运行方式。18时10分左右，第20节与第21节重车摘钩时，第21节重车出现提钩后落销情况，重车牵车机带剩余的3节重车前进，翻车机值班员农××按“急停”按钮，翻车机系统电源全部切断，翻卸作业中止。农××汇报班长何××，经班长同意后，通知其他翻车机值班员，将翻卸作业由自动运行改为手动运行，系统复位后，班长何××下达命令对最后3节重车“手动操作”进行翻卸作业。值班员农××和宁××去轨道衡摘钩作业后，宁××控制重车调车机将第20节重车牵入翻车机本体，送空车进入迁车台后返回原位。此时，农××开始翻卸第20节重车，正翻165°卸煤结束后，按“回翻”按钮过程中，由于戴手套作业，误碰“松压”按钮，造成压车梁松压，第20节车皮反向脱轨。农××发现车辆脱轨立即按“停翻”按钮，停止翻车机本体运行，迅速通知班长何××、运行专工魏×。燃料运行部组织人员连夜处理，于25日中午处理完毕，1号翻车系统恢复正常运行。

二、原因分析

（1）值班员进行翻卸作业时精力不集中，手动操作控制按钮时戴手套作业，是造成此次误碰事件的主要原因。

（2）班组安全教育不够细致，布置作业时安全注意事项交代不到位，安全监护不力，是造成此次事件的原因之一。

（3）事件发生后经现场试验和与厂家技术人员联系，确认翻车机本体翻卸作业时本体“回翻”和压车梁“松压”无联锁，也是造成此事件的原因之一。

三、暴露出的问题

（1）电厂技能培训存在漏洞，未有效提高员工的技术水平和工作能力。

（2）班组管理不善，班组安全教育、培训未取得实效，危险点告知、事故预想和安全防范措施未认真执行，各岗位安全职责未得到有效落实，管理人员安全监护缺失。

（3）电厂设备管理不到位，设备运行存在安全隐患长期未得到有效解决，自动化过程存在重大缺陷无人重视，设备操作存在随意性。

（4）电厂安全管理存在死角，反习惯性违章工作实效性差，工作人员安全意识淡薄，习惯性违章违规操作长期未得到有效遏制，安全技能有待提高。

四、防范措施

（1）燃料运行部必须加强人员的教育和培训，有针对性地开展安全教育和技术培训工作，组织全体人员对此次事件进行深刻学习讨论，举一反三，吸取经验教训，强化员工安全意识，提高岗位操作和反违章技能，杜绝类似事件的发生。

（2）燃料运行部必须切实加强安全管理，把各项规章制度落到实处。针对人员构成的实际情况，扎实开展安全活动，做好作业的危险点分析及预控工作，提高安全生产水平。

（3）将各系统的控制、设备联锁、限位等保护装置进行一次全面排查，对设备运行中存在的问题及缺陷进行认真总结，提出书面材料。生产技术部负责组织监理、厂家、施工等单位，对设备问题及存在的缺陷进行分析和处理，尽快消除设备缺陷及隐患。

案例十八 调度员疏忽大意调车作业时发生机车脱线事故

一、事故经过

2008年10月9日9时许，某发电有限公司燃料运行部输煤专业0140号内燃机车司机沈×、副司机古××接调车作业计划开始调车作业。9时40分机车准备进入3道进行作业，当机车车辆出清脱轨器绝缘区段后，调度室控制台上脱轨器蜂鸣器开始蜂鸣，实习值班员胡××将脱轨器单独操作至定位状态，3道调车作业完成后，因机车车辆未过信号机，控制台D1处有3道红光带，值班员无法确认机车车辆停留位置。9时43分听到电台发出启动信号，并未听到调车员要进路的车机联控用语，也未听到机车司机原进路折返的语音呼叫，9时44分调车长赵×突然汇报机车脱轨。9时47分开始起复机车，10时45分机车起复完毕。事后检查发现，电动脱轨器的转辙机保险螺栓剪切损坏，6根水泥枕木螺栓（48颗）破坏，电动脱轨器操纵连杆弯曲。

二、原因分析

（1）调度员疏忽大意，没有认识到进路压车已经红光带，按原进路返回作业中存在的巨大安全隐患：①没有按铁路相关规定停止一切联锁设备操作，凭主观意识将电动脱轨器单独操作至脱轨位置；②单独操作后也没有及时向调车长及司机提示，致使现场各环节盲目作业，是造车此次事件的主要原因。

（2）调车员在原进路返回作业中，违反相关规定，没有及时请示调度员，确认返牵进路是否开放，盲目显示信号指挥机车启动，没有对事件起到主控作用，是造成此次事件的次要原因。

（3）机车司机过分依靠调车员指令，对返牵进路的危险性认识不足，工作经验欠缺，对调车作业没有做到心中有数，机车操作中起车提速、下闸时机掌握不够准确，也是造成此次事件的次要原因。

（4）机车副司机没有认真瞭望信号、确认进路，对现场突发事件反应不够迅速，对司机操作没有起到监督提醒作用，是造成此次事件的间接原因。

三、暴露出的问题

（1）铁路作业人员业务素质不高，安全意识淡薄，需加强业务培训和安全教育。

（2）《工厂站调车作业细则》内没有电动脱轨器操作规定，需补充相关内容。

四、防范措施

（1）每一批调车作业前，各岗位做好事故预想，调度员必须在调车作业通知单上进行安全技术交底，注明安全注意事项及重要的作业程序。

（2）调车作业时，机车和调车组人员必须精力集中，司机严格控制速度，调车人员严格执行作业程序。

（3）调度员（信号员）排列进路时，当信号开放后，有车占用进路作业，需按原进路返回时，禁止在该进路上进行任何联锁设备操作。

（4）调度员在下达调车作业计划时，凡遇到返牵等非常规调车作业时，必须在安全注意事项上进行安全交底，并在关键环节上卡死，做好作业中的监护，如调车员和司机在该请示时未请示，应及时提醒其按规定程序作业。

（5）工厂站内线路作业原则上不准返牵，但因作业实际情况必须返牵时，调车员必须向调度员请示，取得调度员的同意，并确认调车进路正确后方可进行。

（6）口头变更调车计划以及机车返牵等特殊调车作业时，司机必须向调度室进行机车返牵等语音呼叫，对调度员的指示执行复诵制度，并及时提醒副司机做好瞭望信号和确认进路。

（7）各班组加大对违章作业的检查考核力度，加强技术业务培训和安全教育，管理人员要经常到现场进行技术指导，提高全员安全意识，杜绝类似事故发生。

案例十九 管理存在漏洞造成翻车机煤箅损坏事故

一、事故经过

2010 年 6 月 20 日凌晨，某电厂燃料运行部一班接班后，组织利用 2 号翻车机卸 4 号线 43 节重车燃煤。因考虑前 4 节重车的燃煤较湿、较黏等实际情况，翻车机值班员采用手动、多次逐步翻卸的方式进行卸车，煤箅和煤斗仍然结煤、堵煤。3 时 50 分，翻车机值班员在翻卸完第 3 节煤车后检查煤箅和煤斗积煤情况时，发现 2 号翻车机煤箅第三块有下陷的现象，就立即组织人员进行清理、检查，发现第三块煤箅端头断裂，煤箅连杆和煤箅之间的槽钢变形，煤箅已无法继续使用，随即汇报相关人员。

二、原因分析

当班翻车机值班员已经事先清楚即将卸的四节燃煤较湿、较黏，但仅采用手动、多次逐步翻卸的机械方式进行卸煤，没有考虑采取“合理使用公司为每个运行班配置的多名临时人员进行捣松车厢内面团状燃煤”等其他措施，方式方法单一，措施不力。可见燃料运行部运行管理存在薄弱环节，未针对近段时间入厂燃煤部分较湿、较黏的实际情况事先制定切实可行的卸煤措施并全面交底，思想重视程度不够，未针对客观实际困难研究办法解决，对措施不当可能造成的机械损坏、设备损坏等后果估计不足，致使翻车机值班人员面临部分湿黏煤时不能采取有效方法保证设备设施安全，是引发 2 号翻车机卸煤过程中煤箅损坏的主要原因。

三、暴露出的问题

（1）当值运行人员工作失职，责任心不强，操作中存在严重的违章操作情况，有章不循，盲目操作，素质低，判断事故和处理事故能力较差。

（2）运行管理工作不到位，对特殊运行方式时存在的问题没有充分认识和采取有效措施，对防范重大事故的措施执行不到位，运行人员处理异常情况的事故预想存在漏洞。

（3）培训工作不扎实，没有突出岗位培训的特点，缺乏相应的专业技术内容，造成运行人员经验不足，在紧急故障情况下应变能力差，综合分析、判断能力不够。

（4）电厂领导对各级安全生产责任制落实不力，对有关规章制度、规程的建立健全检查督促力度不够，对运行管理要求不严，对各项反措没有认真研究，贯彻落实。

（5）生产技术部作为公司接卸煤工作管理的职能部门，对燃料运行部接卸煤中管理、组织以及措施的制定、落实等工作监管不到位，未完全落实安全保证体系职能部门的安全职责。

四、防范措施

（1）要求燃料运行部，认真总结分析此次事件发生的问题根源，层层落实责任，并结合入厂煤实际情况，采取有针对性的措施，立足本部门千方百计解决接卸煤难点问题，切实提高接卸煤效率和设备安全可靠性。

（2）生产技术部切实加强接卸煤监管工作，充分发挥职能作用，加强指导和协调有关工作；同时经常性对有关部门灌输公司接卸煤工作的重要性和形势严峻性，引导正确认识公司燃煤采购的客观困难，不等不靠，立足客观实际，采取切实可行的措施去解决困难。

案例二十　违反操作程序造成翻车机压车梁损坏事故

一、事故经过

2007 年 11 月 8 日，某电厂燃料运行部燃料运行丁班当值。5 时 5 分，2 号翻车机对车 21 节，5 时 35 分检车完毕，6 时 20 分开始卸车。在卸第 4 节车后，由于卸车过程中煤比较干燥，灰尘较大，影响到光电开关和接近开关使用，重车调车机采用自动和手动相结合的方式运行。

7 时 30 分，2 号翻车机卸第 13 节车后，重车调车机值班员采用手动方式准备向翻车机牵重车并将空车推出翻车机本体，当

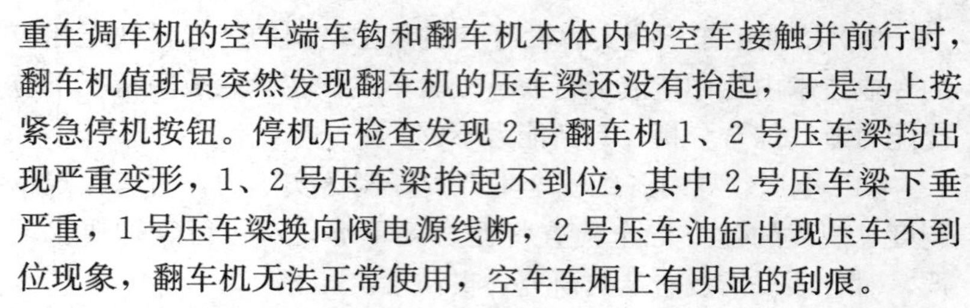

重车调车机的空车端车钩和翻车机本体内的空车接触并前行时，翻车机值班员突然发现翻车机的压车梁还没有抬起，于是马上按紧急停机按钮。停机后检查发现2号翻车机1、2号压车梁均出现严重变形，1、2号压车梁抬起不到位，其中2号压车梁下垂严重，1号压车梁换向阀电源线断，2号压车油缸出现压车不到位现象，翻车机无法正常使用，空车车厢上有明显的刮痕。

二、原因分析

（1）重车调车机值班员在自动方式切换为手动方式后没有检查翻车机的压车梁是否抬起到位，就采用手动方式启动重车调车机推翻车机本体内的空车，导致火车空车皮上面的加强筋挂擦着压车梁前进，将1、2号压车梁拉变形。重车调车机值班员不认真检查设备、没有按程序操作是导致此次事件发生的直接原因。

（2）翻车机值班员在翻卸车过程中上下道工序联系不到位，翻车机值班员未将设备具体情况通知重车调车机值班员，重车调车机值班员也未询问设备情况，就在前方设备状况不明的情况下进行操作。翻车机值班员与重车调车机值班员工序上联系不畅，是导致此次事件发生的主要原因。

（3）燃料运行部管理不到位，重车调车机值班员在没有取得上岗资格以前就独立操作，没有人进行监护，部门、班组管理不到位是此次事件发生的原因之一。

（4）2号翻车机在卸车过程中灰尘大，影响光电开关和接近开关使用效果，导致重车调车机全自动控制不能完全投用，而采用手动干扰方式运行导致翻车机和重车调车机之间失去联锁，也是此次事件发生的原因之一。

三、暴露出的问题

（1）运行值班员严重违反“两票三制”，未认真执行《电业安全工作规程》、标准和制度的有关规定，安全意识淡薄，在工作中存在“违章、麻痹、不负责任”行为，未对现场设备状态做认真分析，盲目操作。

（2）燃料运行部存在长期对职工的安全教育不够，安全管理存在真空地带，习惯性违章严重，工作随意性大，未真正落实“安全管理，层层有人负责，并把工作落到实处”的严格要求。

(3) 岗位管理存在漏洞，管理人员对操作人员技能培训不够重视，对岗位人员技能水平没有深入考核，缺乏针对特种作业岗位的技能和安全培训。

(4) 部分职工缺乏安全生产紧迫感，一贯放松了对自己的要求，遇事常常冒险蛮干，自我保护意识极差，习惯性违章突出，临危应急缺乏经验。

(5) 现场安全管理有死角，未彻底更除现场的设备缺陷，留下安全隐患。

四、防范措施

(1) 燃料运行部立即按“四不放过”原则组织对此次事件暴露出的问题进行深入讨论，认真分析问题的根源，举一反三，夯实安全生产基础，消除侥幸心理，杜绝同类事件的发生。

(2) 燃料运行部应加强员工的专业技术及安全培训，加强运行操作人员的上岗管理，在不具备独立上岗工作能力以前严禁独自操作，在见习期间，必须有熟练的监护人员进行监护操作。

(3) 燃料运行部要加强班组管理，落实好反违章工作，扎实做好班组工作“交工作任务、交安全技术措施”的“两交清”工作，切实提高运行人员的操作能力和履行岗位责任的能力。

(4) 燃料运行部必须强化生产“全过程”安全管理，对生产各环节的危险点做好分析和预控工作，切实将安全生产的重心下移至班组、个人，将安全生产的关口前移至作业前的预防预控。

(5) 燃料运行部要加强设备维护，对影响安全生产的设备缺陷和隐患及时组织消除，切实提高设备健康水平和可靠性。

(6) 其他生产部门和维护单位要针对此次事件认真组织学习、讨论，进行细致的自查自纠，吸取教训，举一反三，防患于未然。

案例二十一 外包施工人员随意改变施工作业方案造成人身重伤事故

一、事故经过

2003年8月31日，某电厂早班部发现1号卸船机机内皮带东侧边丝磨断约6m，9月1日早上，燃料运行部策划决定更换此1号卸船机机内皮带，工作安排由××劳务公司派员进行，并实行“检修工作票”双签发。

××劳务公司由签发人蒋××安排沈××作为工作负责人，工作班人员为张××、王××、陆××等5人承担此工作。电厂燃料运行部派出冯××作为工作联系人协调。××公司工作负责人沈××按要求进行作业危险点辨识和确定预控措施、安全交底后，工作班成员全部在《预控措施卡》上签字。8时50分，检修工作获运行许可。

整个上午作业内容主要是吊起固定1号卸船机机内皮带的罩壳和拆卸机内皮带栏杆等；下午的作业内容则是割断皮带和牵引新皮带，然后进行胶接。由于当时1号B皮带正在进行卸煤作业，沈××（工作负责人）与工作班人员张××、陆××考虑到割断上层皮带，可能会对运行的1号B皮带造成影响，遂自行决定在返程皮带靠近尾滚筒4m左右处割断机内皮带，这样既不影响1号B皮带的运行，又能利用下垂的皮带牵引新皮带。

13时10分左右，工作班人员陆××头朝西的钻进机内皮带正、返程之间，跪着由西向东倒退着切割旧皮带（此过程由于现场临时决定，没有重新进行危险点辨识，因此也没有采取防止高空坠落安全措施）；13时25分左右，当陆××切割开旧皮带的2/3时，准备从旧皮带的正、返程中间往东退出，返回平台继续切割；在退出的过程中，他右脚踩在一根电缆管上着力，突然电缆管的铸铝接线盒断裂，造成陆××从4.8m高度（电缆管与地面的高度）坠落地面。造成陆××右手手腕和骨盆右侧骨折。

二、原因分析

(1) ××劳务公司现场工作负责人沈××，在改变施工作业方案后未与甲方工作联系人联系，未重新进行危险点辨识和采取预防措施，并擅离工作现场，对危险场所作业失去监护，是造成此次事故的主要原因。

（2）××劳务公司作业人员陆××违反安全操作规程，高空作业未使用安全带，脚踩不宜作为支撑的电缆管，致使电缆接线盒断裂，造成高空坠落事故，是事故的直接原因。

（3）电厂工作联系人冯××在作业现场没有及时跟踪和监督施工进展情况，督促施工安全措施（改变检修工艺方案后的安全措施没有做，作业危险点也没有进行辨识）的执行，工作联系人的职责没有到位，是造成此次事故的间接原因。

三、暴露出的问题

（1）检修过程中没有严格按照审批的检修（技术）工艺方案开展工作，违章指挥，违章作业。

（2）各级安全监督不力，安全技术措施执行不到位，现场工作随意改变标准作业顺序，擅自扩大施工范围，安全管理不到位。

（3）现场检修人员安全思想松懈，安全意识淡薄，盲目自信，冒险蛮干，存在侥幸心理，习惯性违章行为突出。

（4）现场检修人员自我保护能力低下，对违章指挥和违章作业熟视无睹，工作负责人擅离职守，严重失职。

（5）电厂管理部门以包代管，不注重外包单位的资质和人员素质，忽视培训工作的重要性，对安全生产麻痹大意，缺乏有效监督。

四、防范措施

（1）禁止施工单位的任何人随意改变已确定的检修（技术）工艺方案；如确因工作需要改变的，必须征得发包方的同意，办理相关手续，并重新进行危险点辨识与做好安全措施。

对外包工程没有工艺方案的，在开工前一定要事先确定工艺方案，这不仅是外包工程的要求，也是体系标准的要求。

对于从来没做过的工作，必须要事先编制工艺计划（或工作步骤），并做好相关的安全措施和对作业危险点进行辨识。如确因工作需要改变工艺计划（或工作步骤），必须征得发包方的同意，办理相关手续，并必须进行危险点辨识与做好安全措施后，方可开工。

（2）禁止各施工作业项目工作负责人擅离工作现场，如确因工作需要离开工作现场的，要中断或停止工作，并采取相应的措施。如不能中断或停止工作的，必须指定临时工作负责人并对其进行交底，并及时向发包方工作联系人报告。

（3）从合同源头抓起，在签订工程合同时就要明确承、发包的安全责任，包括组织现场安全施工管理的贯彻落实等。对在外包工程应该明确在交任务的同时要交施工方案与相关的安全措施，发包方的项目主管部门必须用文件包（任务书）的形式来布置任务，对承包单位进行必要的安全、技术交底，并经承包方签字确认。承包单位在接受项目任务后，针对该项目施工的要求，应事先要制订出相应的施工安全、技术措施，并在施工中严格执行。

（4）在审核施工的工艺方案时，发包方审核人必须按照规范认真地进行审核，对方案的确定性审批人要负全责。工作联系人必须确认了解工艺方案并掌握具体的安全技术要求。

（5）对外包工程项目明确电厂工作联系人就是项目代表，发包方的安全第一责任人，要在发包方责任范围内对项目的施工安全负责。

（6）每天领班在布置工作任务和相关的安全措施后，接受任务的所有工作人员都要进行签字，目的是让每一个人都知道工作任务与相关的安全措施。工作联系人也要签字，目的就是对这项工作的工艺方案和安全措施要清楚的理解，并要确认这些工作人员做这项工作是否合适。

附录 燃料运行岗位作业风险评估

附表 1

作业地点或分析范围：输煤线

作业内容描述：燃料巡检

主要作业风险：①因违规、违章作业，穿戴不合适劳动防护用品，引起人身伤害；因通信不畅影响救援，导致人身伤害加重。②因设备存在的缺陷未检查到位就进行操作导致设备损坏。③因未正确使用工器具导致人身伤害。④因高空作业未正确使用安全带导致人身伤害。⑤因积粉积煤造成自燃、火灾、爆炸和其他人身伤害。⑥因现场工作环境导致滑跌碰撞、职业病。⑦因设备短路、漏电导致触电人身伤害

控制措施：①程控室必须设有急救箱，运行人员必须掌握各类急救知识。②定期发放合格劳保用品；正确穿戴安全帽、防尘口罩、耳塞、手套、工作鞋等。③加强现场技能培训和安全培训，熟练掌握安全规程和设备操作规程。④正确使用各类工器具，定期对工器具进行校验，保证合格。⑤定期对现场的积煤积粉进行清理。⑥高空作业必须正确使用安全带。⑦定期对设备接地线进行检查，确保设备可靠接地

编号	作业活动/步骤简短描述	危险条件/危害因素	可能导致的后果/事故	风险评价					现有控制措施	建议改进措施
				L	E	C	D	风险程度		
一	巡检前准备									
1	佩戴安全帽	安全帽破损、不正确佩戴	高空坠物砸伤	10	10	3	300	4	班前会严格检查两穿一戴，正确佩戴安全帽	

续表

编号	作业活动/步骤简短描述	危险条件/危害因素	可能导致的后果/事故	风险评价					现有控制措施	建议改进措施
				L	E	C	D	风险程度		
2	穿戴工作服、防护用品、防尘口罩、耳塞、手套、工作鞋	（1）工作服、防护用品不符合安全要求。 （2）防尘口罩、耳塞未使用	（1）人身伤害。 （2）导致职业病	3	10	3	90	3	（1）穿合体工作服，使用合格的防护用品。 （2）正确使用防尘口罩、耳塞、手套	
3	携带必要的巡查工具（如测温测振工具等）	（1）测温测振工具显示值不正确。 （2）工器具未经检验合格	（1）人身伤害。 （2）设备损坏	3	10	3	90	3	携带各类工器具必须先检查工具是否完好，仪器电量是否充足，有无定期检验合格	
4	携带通信工具	（1）通信工具破损无法沟通。 （2）人身伤害、设备损坏无法及时联络采取措施	（1）人身伤害。 （2）设备损坏	3	10	1	30	2	携带通信工具必须先检查工具是否完好，通信是否正常	

续表

编号	作业活动/步骤简短描述	危险条件/危害因素	可能导致的后果/事故	风险评价					现有控制措施	建议改进措施
				L	E	C	D	风险程度		
5	准备巡检钥匙	拿错钥匙而匆忙往返引起绊倒、摔伤等	人身伤害	3	10	1	30	2	巡检前先确认已经佩带好钥匙	
二	巡检区域									
1	转运站皮带栈桥巡检	皮带尾部进出栈桥通道过于狭窄，容易撞到头部	人身伤害	6	10	3	180	4	悬挂警示牌	改造通道
		皮带栈桥地下通道无通信信号，通信不畅影响救援	人身伤害	10	10	1	100	3	双人共同巡视	增加有线通信设备
		皮带重锤拉紧防护区域不足，容易伤人	人身伤害	3	10	3	90	3	悬挂警示牌	加大防护区域
		带式除铁器转动弃铁，巡检时容易被弃出的铁块砸伤	人身伤害	3	10	3	90	3	安装挡铁板，禁止进入弃铁区域	

续表

编号	作业活动/步骤简短描述	危险条件/危害因素	可能导致的后果/事故	风险评价					现有控制措施	建议改进措施
				L	E	C	D	风险程度		
2	转运站皮带栈桥巡检	转运站MCC室大门密封性差，经常漏煤导致盘柜积尘	（1）积煤自燃着火。 （2）设备损坏	3	10	1	30	2	定期清理	把大门重新密封
		测温、测振时误碰转动设备	人身伤害	6	1	7	42	2	确保转动设备护罩完好，禁止触碰设备转动部分	
		皮带尾部滚筒侧面无防护网易卷入	人身伤害	3	6	3	54	2	悬挂警示牌	安装侧面防护网
		栈桥、转运站地面积水易滑跌	人身伤害	3	10	1	30	2	及时清理积水	开导水槽
		盘式除铁器停运时悬挂在巡检通道上方，容易碰撞砸伤	人身伤害	3	10	3	90	3	设置警戒线	将控制箱移位，禁止通行
		栈桥部分地面破损拱起，易导致绊倒跌伤	人身伤害	3	10	1	30	2	悬挂标示牌	修补地面

续表

编号	作业活动/步骤简短描述	危险条件/危害因素	可能导致的后果/事故	风险评价					现有控制措施	建议改进措施
				L	E	C	D	风险程度		
3	转运站皮带栈桥巡检	部分电缆槽长期泡在水中，易导致短路、漏电	触电人身伤害	6	6	1	36	2	将电缆槽垫高	开水槽引水
		原煤仓门窗下雨天易进水、积水导致滑倒	人身伤害	1	1	1	1	1	下雨天关闭原煤仓两边小门	
		煤仓间除尘器回灰管接入煤仓，进入煤仓的煤粉温度高容易引起煤仓爆燃	爆燃着火引起设备损坏	6	3	15	270	4	运行人员每天定时进行测温，加强巡视检查	恢复除尘器温度高自动喷淋水
		皮带通行桥爬梯与皮带支架、护栏焊接一起，易滑倒	人身伤害	6	6	3	108	3	悬挂警示牌，上下通行桥时抓紧栏杆	

续表

编号	作业活动/步骤简短描述	危险条件/危害因素	可能导致的后果/事故	风险评价					现有控制措施	建议改进措施
				L	E	C	D	风险程度		
4	转运站皮带栈桥巡检	粉尘、噪声伤害	导致职业病	6	10	3	180	3	佩戴防尘口罩、耳塞，开启喷淋和除尘器	加装干雾除尘装置
三	巡检设备									
1	皮带机	电动机外壳没有有效接地，漏电时无防护	人身伤害	6	10	3	180	3	定期检查电动机接地，及时更换、增加损坏、缺失的接地线	
		轴承、液力耦合器防护罩脱落，高速转动易飞出	人身伤害	3	10	3	90	3	安装牢固的防护罩，并定期检查防护罩的固定情况	
		电动机地脚螺栓未锁紧，运行时振动过大	设备损坏	10	2	3	60	2	定期检查地脚螺栓固定情况	

续表

编号	作业活动/步骤简短描述	危险条件/危害因素	可能导致的后果/事故	风险评价					现有控制措施	建议改进措施
				L	E	C	D	风险程度		
1	皮带机	液力耦合器漏油严重，设备过载	设备损坏	10	2	3	60	2	定期检查液力耦合器的密封情况	
2	皮带秤	皮带秤校验链码断裂飞出	(1) 设备损坏。 (2) 人身伤害	10	2	3	60	2	定期检查校验链码	
		皮带秤各结构支架积煤长期氧化自燃	自燃着火	3	10	1	30	2	定期清理积煤	
		皮带秤校验链码转动噪声强烈	噪声伤害	6	2	1	12	1	正确佩戴耳塞	
		校验链码转动无法停止	设备损坏	6	2	3	36	2	定期检查设备情况	
3	采样机	采样机本体内部堵煤、积粉长期氧化自燃	设备损坏	1	2	1	2	1	定期检查清理	
		采样机护栏安装不足，爬梯间隙过大	人身伤害	6	6	1	36	2	悬挂标示牌	加装护栏

续表

编号	作业活动/步骤简短描述	危险条件/危害因素	可能导致的后果/事故	风险评价					现有控制措施	建议改进措施
				L	E	C	D	风险程度		
3	采样机	斗提机坑、斗提机回料管上下爬梯过高	人身伤害	6	6	1	36	2	做好安全交底，上下爬梯抓好扶手	
		一级采样头卡在皮带中间	设备损坏	6	6	1	36	2	定期检查，发现异常及时处理	
		测温、测振时误碰设备转动部分	人身伤害	6	10	3	180	4	做好安全交底，确保现场转动设备护罩完好	
4	除尘器	除尘器本体、管道积煤长期氧化自燃	设备损坏	6	3	1	18	1	及时清理积煤	
		除尘器电极板潮湿短路	设备损坏	6	3	3	54	2	定期检查设备电极板	
		回灰管安装在皮带上方，除尘器积灰自燃容易烧伤皮带	设备损坏	6	6	1	36	2	定期测温，开喷淋水降温	改造回灰管

续表

编号	作业活动/步骤简短描述	危险条件/危害因素	可能导致的后果/事故	风险评价					现有控制措施	建议改进措施
				L	E	C	D	风险程度		
4	除尘器	上下除尘器爬梯及顶部护栏长期氧化腐蚀	人身伤害	6	6	3	108	3	挂警示牌	
		除尘器本体接地不良，误碰漏电设备	人身伤害	6	3	3	54	2	定期检查除尘器接地，确认接地良好	
		除尘器整流变潮湿短路	人身伤害	6	3	3	54	2	定期测量除尘器整流变绝缘	
5	除铁器	盘式除铁器弃铁位在人行通道上，容易碰撞、砸伤	人身伤害	6	3	15	270	4	弃铁时禁止通行	更改弃铁位
		带式除铁器转动弃铁，巡检时容易被弃出的铁块砸伤	人身伤害	3	10	3	90	3	安装挡铁板，禁止进入弃铁区域	
		带式除铁器运行时晃动强烈	人身伤害	3	3	3	27	2	行走时注意安全	

续表

编号	作业活动/步骤简短描述	危险条件/危害因素	可能导致的后果/事故	风险评价					现有控制措施	建议改进措施
				L	E	C	D	风险程度		
5	除铁器	除铁器悬挂钢丝绳断裂、脱落	(1) 设备损坏。 (2) 人身伤害	10	1	3	30	2	每班检查钢丝绳情况	
		除铁器因行走轮、行走轨道变形掉落	设备损坏	3	1	15	45	2	定期检查轨道、行走轮情况	
		除铁器本体积粉、积煤长期氧化自燃着火	设备损坏	6	3	3	54	2	定期清理除铁器积煤	
		除铁器长期过电流、过载	设备损坏	6	3	3	54	2	发现除铁器过电流、过载立即停止运行，故障处理完后方可运行	
6	滚轴筛	滚轴筛上方没有固定构件挂安全带	人身伤害	10	3	1	30	2	作业时安全带挂在牢固的构件上	加装钢结构构件
		测温、测振时误碰设备转动部分	人身伤害	6	10	3	180	4	做好安全交底，确保现场转动设备护罩完好	

续表

编号	作业活动/步骤简短描述	危险条件/危害因素	可能导致的后果/事故	风险评价					现有控制措施	建议改进措施
				L	E	C	D	风险程度		
6	滚轴筛	1、2号机滚轴筛电动机外壳未接地，漏电伤人	触电人身伤害	10	6	1	60	2	悬挂标示牌，禁止空手触摸	装设保护接地线
7	碎煤机	人孔门插销脱落，有煤块飞出伤人	人身伤害	10	1	3	30	2	运行前检查固定	
		测温、测振时误碰设备转动部分	人身伤害	6	10	3	180	4	做好安全交底，确保现场转动设备护罩完好	
		电动机外壳未接地，漏电伤人	触电人身伤害	6	10	3	180	4	电动机安装接地线	
8	1、2号斗轮机	斗轮机上、卸煤时有煤炭从悬臂上掉落	人身伤害	3	10	1	30	2	悬挂警示牌，通过斗轮机时注意头顶	
		地面电缆槽盒变形，拖链断裂，高压电缆漏电、短路	(1) 设备损坏。 (2) 人身伤害	6	3	3	54	2	加强检查巡视	改造更换电缆桥架

续表

编号	作业活动/步骤简短描述	危险条件/危害因素	可能导致的后果/事故	风险评价					现有控制措施	建议改进措施
				L	E	C	D	风险程度		
8	1、2号斗轮机	悬挂式司机室易摇晃安全性差	人身伤害	6	10	3	180	4	悬挂警示牌	改造司机室
		司机室、尾车、回转平台爬梯过陡易滑	人身伤害	3	6	3	54	2	悬挂标示牌，上下司机室时抓紧扶手	
		悬臂皮带回程托辊、尾车皮带托辊下方未密封，托辊损坏时容易坠落	（1）人身伤害。 （2）设备损坏	3	6	3	54	2		
		斗轮机配电室雨天窗户、门缝会掺水，导致短路、漏电	触电人身伤害	3	2	1	6	1	做好密封工作	
		斗轮机各部位经常积煤长期氧化自燃	设备损坏	1	10	1	10	1	及时清理积煤	

续表

编号	作业活动/步骤简短描述	危险条件/危害因素	可能导致的后果/事故	风险评价					现有控制措施	建议改进措施
				L	E	C	D	风险程度		
8	1、2号斗轮机	轮斗及头部导料槽处走道容易滑跌、高空坠落	人身伤害	3	10	1	30	2	行走时抓好扶手，防止摔倒跌落	
		大车机械限位防撞缓冲器突出到过道，行走时容易碰撞	人身伤害	3	6	1	18	1	刷警示漆	
		测温、测振时误碰设备转动部分	人身伤害	6	10	3	180	4	做好安全交底，确保现场转动设备护罩完好	
		动力、控制液压站、液压油管破损时高压工作油泄漏	设备损坏	3	6	3	54	2	定期检查液压系统，发现设备异常及时处理	

附表 2

作业地点或分析范围：燃料系统

作业内容描述：6kV 电气操作

主要作业风险：①操作任务不明确、操作对象不清就进入现场操作，导致误操作引发人身伤害、设备损坏；②填错操作票造成误送电或设备误带电；③因走错间隔、误拉或误合开关造成触电、电弧灼伤、火灾和设备异常或故障；④测绝缘电阻或挂接地线之前未验电、未正确使用绝缘手套和防护面罩导致触电、电弧灼伤；⑤强行打开电磁锁导致触电、电弧灼伤

控制措施：①明确操作任务和操作对象；②正确填写、核对操作票；③操作前认真核对设备名称和编号，严格执行操作监护制度；④测绝缘电阻或挂接地线之前使用合格的验电器验明设备不带电方可工作，工作时穿好绝缘靴，正确佩戴绝缘手套和防电弧面罩；⑤加强五防管理，防止误碰带电设备

编号	作业活动/步骤简短描述	危险条件/危害因素	可能导致的后果/事故	风险评价					现有控制措施	建议改进措施
				L	E	C	D	风险程度		
一	操作前准备									
1	接收指令	操作对象、操作任务不清楚	（1）触电、电弧灼伤。 （2）火灾	1	6	15	90	3	（1）检修人员办理工作票时写明操作设备。 （2）确认操作对象和任务	

续表

编号	作业活动/步骤简短描述	危险条件/危害因素	可能导致的后果/事故	风险评价					现有控制措施	建议改进措施
				L	E	C	D	风险程度		
2	检查设备工况符合操作条件	设备工况不满足停、送电条件就进行电气操作	（1）人身伤害。 （2）设备损坏	3	3	15	135	3	（1）检查相关工作票完工情况。 （2）工作票负责人和许可人共同到现场检查相关设备工况。 （3）工作票许可人确认相关设备具备停、送电条件	
3	确定操作对象和核对设备运行方式	没有核对清楚要操作的设备，走错间隔，误操作其他设备	（1）人身伤害。 （2）设备损坏	3	3	15	135	3	（1）正确核对现场设备名称与编号，在系统图上确认设备间隔。 （2）按规定执行操作监护	
4	填写操作票	（1）操作票填写错误或步骤不合理引起误操作。 （2）一份操作票填写多个操作任务导致误操作	（1）人身伤害。 （2）设备损坏	3	3	15	135	3	（1）正确填写操作票，核对填写内容准确无误。 （2）严格执行操作监护制度。 （3）每份操作票只能填写一个操作任务	

续表

编号	作业活动/步骤简短描述	危险条件/危害因素	可能导致的后果/事故	风险评价					现有控制措施	建议改进措施
				L	E	C	D	风险程度		
5	选择合适的工器具	工器具未经检验或检验不合格或选择不当	(1) 人身伤害。 (2) 设备损坏	1	3	15	45	2	(1) 选择经检验合格的操作工器具。 (2) 检查所用的工具必须完好。 (3) 正确使用工器具	
6	穿戴合适的劳护用品	穿戴不合适的劳护用品	(1) 触电、电弧灼伤。 (2) 其他人身伤害	1	3	15	45	2	(1) 戴安全帽、穿绝缘鞋。 (2) 穿长袖工作服，扣好衣服和袖口。 (3) 戴绝缘手套、防电弧面罩	
7	通信联系	通信不畅或错误引起误操作、人员受到伤害时延误施救时间	扩大事故，加重人身伤害程度	3	3	15	135	3	携带可靠通信工具，操作时并保持联系	更换性能更好的通信设备

续表

编号	作业活动/步骤简短描述	危险条件/危害因素	可能导致的后果/事故	风险评价					现有控制措施	建议改进措施
				L	E	C	D	风险程度		
二	6kV 系统操作									
1	操作电源小开关	(1) 误拉或误合开关导致设备异常断电或带电。 (2) 误触带电体造成电弧伤害。 (3) 操作次序出错	(1) 触电、电弧灼伤。 (2) 设备事故	3	3	15	135	3	(1) 核实操作票内容，严格执行操作票。 (2) 双人确认设备位置、名称编号。 (3) 严格唱票，复诵。 (4) 谨防误碰或接触带电体。 (5) 切断电气开关后必须挂警示牌	
2	拉、合接地刀闸，挂、拆临时接地线	(1) 走错间隔。 (2) 带负荷合接地刀闸。 (3) 未验明无电情况下拉、合接地刀闸或挂、拆临时接地线。 (4) 拉、合接地刀闸或挂、拆临时接地线未确认实际位置	(1) 触电、电弧灼伤。 (2) 其他人身伤害。 (3) 设备事故	3	2	15	90	3	(1) 核实操作票内容，严格执行操作票。 (2) 唱票，复诵，双人确认设备位置、名称编号。 (3) 使用检验合格的验电器，在带电端验明验电器完好，合接地刀闸前验明确无电压。 (4) 必须戴绝缘手套	

续表

编号	作业活动/步骤简短描述	危险条件/危害因素	可能导致的后果/事故	风险评价					现有控制措施	建议改进措施
				L	E	C	D	风险程度		
3	开关分、合操作	(1) 走错间隔。 (2) 误拉或误合开关，误触带电体。 (3) 开关本身有缺陷	(1) 触电、电弧灼伤。 (2) 其他人身伤害。 (3) 设备事故	3	3	15	135	3	(1) 核实操作票内容，严格执行操作票。 (2) 双人确认设备间隔正确、核对设备名称和编号，严格执行唱票，复诵。 (3) 与开关保持一定距离。 (4) 考虑好开关爆炸时的撤离线路。 (5) 工作位置禁止在就地进行开关合闸	

续表

编号	作业活动/步骤简短描述	危险条件/危害因素	可能导致的后果/事故	风险评价					现有控制措施	建议改进措施
				L	E	C	D	风险程度		
4	开关由“试验”摇至“工作”、由“工作”摇至“试验”或由“试验”摇至“检修”位置操作	（1）带负荷推、拉开关。 （2）电弧灼伤、短路故障、扭伤、碰伤。 （3）误触带电体造成电弧伤害。 （4）摇把操作困难造成扭伤、碰伤。 （5）开关跌落伤人	（1）触电、电弧灼伤。 （2）其他人身伤害。 （3）设备事故。 （4）设备损坏	3	3	15	135	3	（1）必须确认开关本体与开关仓对应。 （2）操作前确认开关在分位。 （3）摇开关时需将开关仓门关好。 （4）检修后新投运的开关送入仓内前必须测开关断口、相间及对地绝缘。 （5）开关位置移动必须用手抓住把手，不要触碰其他位置。 （6）不得随意解除机械闭锁。 （7）开关到位后及时定位。 （8）拉至检修位置前推入运载小车并定位	

续表

编号	作业活动/步骤简短描述	危险条件/危害因素	可能导致的后果/事故	风险评价					现有控制措施	建议改进措施
				L	E	C	D	风险程度		
5	测绝缘电阻	(1) 被测端带电。 (2) 表计带电	(1) 触电、电弧灼伤。 (2) 其他人身伤害	3	3	15	135	3	(1) 测试前验明被测端无电压。 (2) 必须戴绝缘手套。 (3) 不接触表计测试头	
6	开关柜闭锁	带电误用电磁锁开柜门	人身伤害	10	1	15	150	3	非特殊情况禁止使用电磁锁开柜门，特殊情况必须停电之后，经过当值班长同意方可使用	
		接地刀闸未合上即误用电磁锁开柜门	人身伤害	10	1	15	150	3	必须先停电，验明无电合接地刀闸之后方可用电磁锁开柜门	

续表

编号	作业活动/步骤简短描述	危险条件/危害因素	可能导致的后果/事故	风险评价					现有控制措施	建议改进措施
				L	E	C	D	风险程度		
7	母联操作	双路工作电源进线有电合母联开关	(1) 人身伤害。 (2) 设备损坏	10	1	15	150	3	切换时采用瞬时停电法	
三	作业环境									
	室内潮湿	设备潮湿引起短路	(1) 触电、电弧灼伤。 (2) 其他人身伤害。 (3) 设备事故	1	3	15	45	2	(1) 操作前检查室内湿度，湿度过大应采取相应措施。 (2) 保持设备干燥	
四	以往发生的事件									
	开关在合闸位置无法断开	(1) 带负荷推、拉开关。 (2) 电弧灼伤、短路故障。 (3) 设备爆炸	(1) 触电、电弧灼伤。 (2) 其他人身伤害。 (3) 设备损坏	1	3	15	45	2	(1) 定期在送电前检查各操作机构完好。 (2) 将开关负荷降至最低，检查控制电源完好；检修专业人员检查处理。 (3) 做好事故预想，考虑好开关爆炸时的撤离线路	

附表 3

作业地点或分析范围：燃料系统

作业内容描述：400V 电气系统操作

主要作业风险：①操作任务不明确、操作对象不清就进入现场操作，导致误操作；②填错停、送电联系单造成误送电或设备误带电；③因走错间隔、误拉或误合开关造成触电、电弧灼伤、火灾和设备异常或故障

控制措施：①明确操作任务和操作对象；②正确填写、核对停送电联系单；③操作前认真核对设备名称和编号，严格执行操作监护制度；④操作时穿好绝缘靴，使用正确合格的工器具

编号	作业活动/步骤简短描述	危险条件/危害因素	可能导致的后果/事故	风险评价					现有控制措施	建议改进措施
				L	E	C	D	风险程度		
一	操作前准备									
1	接收指令	操作对象、操作任务不清楚	（1）触电、电弧灼伤。 （2）火灾	1	6	15	90	3	（1）检修人员办理工作票时写明操作设备。 （2）确认操作对象和任务	
2	检查设备工况符合操作条件	设备工况不满足停、送电条件就进行电气操作	（1）人身伤害。 （2）设备损坏	3	3	15	135	3	（1）检查相关工作票完工情况。 （2）工作票负责人和许可人共同到现场检查相关设备工况。 （3）工作票许可人确认相关设备具备停、送电条件	

续表

编号	作业活动/步骤简短描述	危险条件/危害因素	可能导致的后果/事故	风险评价					现有控制措施	建议改进措施
				L	E	C	D	风险程度		
3	确定操作对象和核对设备运行方式	误操作其他设备	(1) 人身伤害。 (2) 设备损坏	3	3	15	135	3	(1) 正确核对现场设备名称与编号，在系统图上确认设备间隔。 (2) 按规定执行操作监护	
4	填写停、送电联系单	(1) 停、送电联系单填写错误或步骤不合理引起误操作。 (2) 一份停、送电联系单填写多个操作任务导致误操作	(1) 人身伤害。 (2) 设备损坏	3	3	15	135	3	(1) 正确填写停、送电联系单，核对填写内容准确无误。 (2) 严格执行操作监护制度。 (3) 每份停、送电联系单只能填写一个操作任务	

续表

编号	作业活动/步骤简短描述	危险条件/危害因素	可能导致的后果/事故	风险评价					现有控制措施	建议改进措施
				L	E	C	D	风险程度		
5	选择合适的工器具	工器具未经检验或检验不合格或选择不当	(1) 人身伤害。 (2) 设备损坏	1	3	15	45	2	(1) 选择经检验合格的操作工器具。 (2) 检查所用的工具必须完好。 (3) 正确使用工器具	
6	穿戴合适的劳护用品	穿戴不合适的劳护用品	(1) 触电、电弧灼伤。 (2) 其他人身伤害	1	3	15	45	2	(1) 戴安全帽、穿绝缘鞋。 (2) 穿长袖工作服，扣好衣服和袖口。 (3) 戴绝缘手套，防电弧面罩	
7	通信联系	通信不畅或错误引起误操作、人员受到伤害时延误施救时间	扩大事故，加重人员伤害程度	3	3	15	135	3	携带可靠通信工具，操作时并保持联系	更换性能更好的通信设备

续表

编号	作业活动/步骤简短描述	危险条件/危害因素	可能导致的后果/事故	风险评价					现有控制措施	建议改进措施
				L	E	C	D	风险程度		
二	400V电气系统操作									
1	操作电源小开关	（1）走错间隔。 （2）误拉或误合开关导致设备异常断电或带电。 （3）误触带电体造成电弧伤害。 （4）操作次序出错	（1）触电、电弧灼伤。 （2）设备事故	3	3	15	135	3	（1）核实停、送电联系单内容，严格执行停、送电联系单。 （2）双人确认设备位置、名称编号。 （3）严格唱票，复诵。 （4）谨防误碰或接触带电体。 （5）切断电气开关后必须挂警示牌	

续表

编号	作业活动/步骤简短描述	危险条件/危害因素	可能导致的后果/事故	风险评价					现有控制措施	建议改进措施
				L	E	C	D	风险程度		
2	操作电源熔丝	（1）误操作、误触带电体。 （2）分闸时熔丝产生电弧	（1）触电、电弧灼伤。 （2）其他人身伤害。 （3）设备事故	3	2	15	90	3	（1）确认熔丝放置位置。 （2）必须戴绝缘手套、防护面罩。 （3）判断熔丝好坏时，应将熔丝取下，用万用表测内阻	
3	开关分、合操作	（1）误拉或误合开关，误触带电体。 （2）开关本身有缺陷	（1）触电、电弧灼伤。 （2）其他人身伤害。 （3）设备事故	1	3	15	45	2	（1）与开关保持一定距离。 （2）考虑好开关爆炸时的撤离线路。 （3）禁止在就地进行开关操作。 （4）与开关保持一定距离	

续表

编号	作业活动/步骤简短描述	危险条件/危害因素	可能导致的后果/事故	风险评价					现有控制措施	建议改进措施
				L	E	C	D	风险程度		
4	开关由“试验”摇至“工作”、由“工作”摇至“试验”或由“试验”摇至“检修”位置操作	（1）带负荷推、拉开关。 （2）误触带电体造成电弧伤害。 （3）开关跌落伤人。 （4）抽屉开关卡涩导致暴力操作	（1）触电、电弧灼伤。 （2）其他人身伤害。 （3）设备事故。 （4）设备损坏	3	3	15	135	3	（1）必须确认现场负荷确已停止运行方可停、送电。 （2）操作前确认开关在分位。 （3）检修后新投运的开关送入仓内前必须测开关断口、相间及对地绝缘。 （4）开关位置移动必须用手抓住把手，不要触碰其他位置。 （5）不得随意解除机械闭锁。 （6）开关卡涩及时通知检修处理	

续表

编号	作业活动/步骤简短描述	危险条件/危害因素	可能导致的后果/事故	风险评价					现有控制措施	建议改进措施
				L	E	C	D	风险程度		
5	挂、拆临时接地线	走错间隔	人身伤害	6	3	7	126	3	核实停、送电联系单内容，严格执行停、送电联系单；确认设备位置、名称编号	
		未验明无电情况下挂、拆临时接地线	人身伤害	6	3	7	126	3	验明无电方可挂、拆临时接地线	
		挂、拆临时接地线未确认实际位置	人身伤害	6	3	7	126	3	挂、拆临时接地线后确认其实际位置准确无误	
6	变压器闭锁	变压器未停电误用电磁锁开柜门	人身伤害	10	0.5	15	75	3	禁止变压器未停电时用电磁锁开柜门	

续表

编号	作业活动/步骤简短描述	危险条件/危害因素	可能导致的后果/事故	风险评价					现有控制措施	建议改进措施
				L	E	C	D	风险程度		
6	变压器闭锁	负荷开关未断开时进行停送电	设备损坏	10	0.5	15	75	3	确认所有负荷开关均已断开方可进行停送电	
7	转运站 MCC 进线电源 AS-CO 操作	负荷开关未断开时进行操作	(1) 人身伤害。 (2) 设备损坏	10	2	1	20	1	确认所有负荷开关均已断开方可进行操作	
		有检修工作时进行送电操作	人身伤害	10	2	15	300	4	确认检修工作已终结，所有安措已恢复时方可进行送电	
		无法正常切换备用电源导致失电	设备损坏	3	2	1	6	1	操作前做好事故预想，及时恢复电源，通知检修处理故障	

续表

编号	作业活动/步骤简短描述	危险条件/危害因素	可能导致的后果/事故	风险评价					现有控制措施	建议改进措施
				L	E	C	D	风险程度		
7	转运站MCC进线电源ASCO操作	电源切换机构卡涩、变形，产生电弧	(1) 人身伤害。 (2) 设备损坏	6	2	3	36	2	定期进行切换试验，检查机构的完整性	
		开关柜接地不良，设备外壳带电	触电人身伤害	6	2	3	36	2	操作前确认开关柜接地良好，各开关状态正常	
三	作业环境									
	室内潮湿、电缆沟积水、空调温度过低、排风机无法正常工作	设备潮湿引起短路	(1) 触电、电弧灼伤。 (2) 其他人身伤害。 (3) 设备事故	1	3	15	45	2	(1) 操作前检查室内湿度，湿度过大应采取相应措施。 (2) 保持设备干燥	

附表 4

作业地点或分析范围：输煤线

作业内容描述：输煤线启动操作

主要作业风险：①因违规、违章作业，穿戴不合适劳动防护用品，引起人身伤害；因通信不畅影响救援，导致人身伤害加重。②因设备存在的缺陷未检查到位就进行操作导致设备损坏、人身伤害。③因未正确使用工器具导致高空坠物伤人。④因高空作业未正确使用安全带导致高空坠落。⑤因积粉积煤造成自燃、火灾、爆炸和其他人身伤害。⑥因现场工作环境导致滑跌碰撞、职业病。⑦因设备短路、漏电导致触电。⑧因皮带跑偏导致皮带刮破、局部损伤

控制措施：①程控室必须设有急救箱，运行人员必须掌握各类急救知识。②定期发放合格劳保用品；正确穿戴安全帽、防尘口罩、耳塞、手套、工作鞋等。③加强现场技能培训和安全培训，熟练掌握安全规程和设备操作规程。④正确使用各类工器具，定期对工器具进行校验，保证合格。⑤定期对现场的积煤积粉进行清理。⑥高空作业必须正确使用安全带。⑦定期对设备接地线进行检查，确保设备可靠接地

编号	作业活动/步骤简短描述	危险条件/危害因素	可能导致的后果/事故	风险评价					现有控制措施	建议改进措施
				L	E	C	D	风险程度		
一	操作前准备									
1	熟悉程控操作程序和流程	不熟悉操作程序，误操作设备	（1）人身伤害。 （2）设备损坏	10	0.5	7	35	2	做好技术培训和安全交底，程控人员必须熟练使用程控操作系统	
2	穿戴合格的工作服、防护用品、工作鞋	工作服、防护用品不符合安全要求，产生静电影响控制系统	（1）人身伤害。 （2）设备损坏	3	10	3	90	3	穿合体工作服，使用合格的防护用品	

续表

编号	作业活动/步骤简短描述	危险条件/危害因素	可能导致的后果/事故	风险评价					现有控制措施	建议改进措施
				L	E	C	D	风险程度		
3	正确操作工业电视等监视设备	工业电视画面选择错误，无法及时发现现场设备故障和人身事故	(1) 人身伤害。 (2) 设备损坏	3	10	3	90	3	做好技术培训和安全交底，程控人员必须熟练使用工业电视设备，明确各个皮带监视画面	
4	正确使用通信工具	(1) 通信工具破损无法沟通。 (2) 人身伤害、设备损坏无法及时联络采取措施	(1) 人身伤害。 (2) 设备损坏	3	10	1	30	2	使用通信工具必须先检查工具是否完好，通信是否正常	
5	佩戴安全帽	安全帽破损、不正确佩戴	高空坠物砸伤	10	10	3	300	4	班前会严格检查两穿一戴，正确佩戴安全帽	
6	准备操作钥匙	拿错钥匙而匆忙往返引起绊倒、摔伤等	人身伤害	3	10	1	30	2	操作前先确认已经佩带好钥匙	

续表

编号	作业活动/步骤简短描述	危险条件/危害因素	可能导致的后果/事故	风险评价					现有控制措施	建议改进措施
				L	E	C	D	风险程度		
二	运行操作内容									
1	皮带运行操作	现场有检修人员工作误启动皮带	人身伤害	10	0.5	7	35	2	班前会做好安全交底，明确交代检修工作内容、工作地点、工作到期时间、安全措施等	
		现场、拉紧间有人在清理积煤、积粉时误启动设备	人身伤害	10	0.5	7	35	2	设备启动前通知所有人员远离设备，并确认拉紧间内无人逗留	
		皮带运行中人员接触设备转动部分	人身伤害	10	0.5	7	35	2	转动部分保护罩完好，严禁接触转动设备	
		皮带启动后有人跨越皮带或从皮带下方通过	人身伤害	10	0.5	15	75	3	通过皮带必须走通行桥，现场悬挂“禁止跨越”警示牌	

续表

编号	作业活动/步骤简短描述	危险条件/危害因素	可能导致的后果/事故	风险评价					现有控制措施	建议改进措施
				L	E	C	D	风险程度		
1	皮带运行操作	运行中违规调整皮带跑偏	人身伤害	3	6	3	36	2	使用调心托辊进行调整，禁止使用木棒、铁棍等工具纠正运行中跑偏的皮带	
		电动机、控制箱外壳接地不合格，长期不运行引起绝缘下降	人身触电伤害	6	0.5	15	45	2	（1）检查接地良好。 （2）电动机停运15天及以上应检测电动机绝缘合格方可运行	
		落煤管内有积煤、堵煤，挡板不在工作位置就启动运行设备	（1）堵煤。 （2）设备损坏	10	2	1	20	1	现场岗位在交接班时及时清理各设备的积煤、粘煤，检查挡板在实际工作位置方可运行	
		积煤自燃，检修现场遗留火种	火灾爆炸	10	1	3	30	2	及时清理积煤、积粉	

续表

编号	作业活动/步骤简短描述	危险条件/危害因素	可能导致的后果/事故	风险评价					现有控制措施	建议改进措施
				L	E	C	D	风险程度		
1	皮带运行操作	制动器缺陷，设备启动时制动器未完全打开	设备损坏	10	1	3	30	2	设备启动后详细检查各部分运行情况，发现异常及时汇报程控通知检修人员处理	
		皮带机带负荷启动、超负荷运行，发生电动机过载、皮带拉断	设备损坏	6	1	7	42	2	严禁带负荷启动皮带，特殊情况应减少负荷方可启动；运行中控制煤量，禁止长时间超负荷运行	
		运行中皮带严重跑偏	皮带损坏	6	6	1	36	2	及时调整跑偏，调整无效停止皮带运行	
		带式输送机运行时，清扫器、犁煤器划伤、撕破皮带	设备损坏	6	3	3	54	2	运行前检查确认清扫器、犁煤器完好，与皮带接触良好	

续表

编号	作业活动/步骤简短描述	危险条件/危害因素	可能导致的后果/事故	风险评价					现有控制措施	建议改进措施
				L	E	C	D	风险程度		
1	皮带运行操作	短时间内频繁启动高压电动机	(1) 设备损坏。 (2) 人身伤害	6	1	7	42	2	加强安全交底和技术培训，禁止频繁启动电动机	
		导料槽、落煤管卡有异物导致皮带撕裂、刮破、局部损坏	设备损坏	6	2	3	36	2	现场岗位在交接班时及时清理各导料槽、落煤管的积煤、粘煤和其他异物	
		保护装置误动作导致皮带跳停堵煤	设备损坏	6	3	3	54	2	严格执行保护装置定期试验制度	
		配重箱不平衡，滑道变形，离地高度不够	设备损坏	6	3	3	54	2	定期检查配重箱运行情况	
		液压拉紧运行中泄压张力不够，皮带打滑	设备损坏	6	3	3	54	2	定期检查液压张紧拉力，发现泄压及时打压	

续表

编号	作业活动/步骤简短描述	危险条件/危害因素	可能导致的后果/事故	风险评价					现有控制措施	建议改进措施
				L	E	C	D	风险程度		
1	皮带运行操作	启动时未与现场岗位联系，没有启动警告铃，导致伤害	人身伤害	6	3	3	54	2	程控启动现场设备前必须与现场岗位联系，确认可以启动后响三遍警告铃方可启动皮带	
2	采样机运行操作	现场有检修人员工作误启动设备	人身伤害	10	0.5	7	35	2	班前会做好安全交底，明确交代检修工作内容、工作地点、工作到期时间、安全措施等	
		电动机外壳接地不合格，外壳带电	人身触电伤害	6	0.5	15	45	2	（1）检查接地良好。 （2）电动机停运15天及以上应检测电动机绝缘合格方可运行	

续表

编号	作业活动/步骤简短描述	危险条件/危害因素	可能导致的后果/事故	风险评价					现有控制措施	建议改进措施
				L	E	C	D	风险程度		
2	采样机运行操作	人工清理采样机时，设备突然转动	人身伤害	10	0.5	15	75	3	（1）采样机必须停电，挂“禁止合闸，有人工作”标示牌，确认破碎机完全停止后方可进行工作。 （2）使用专用工具进行清理，禁止用手清理采样机	
		采样机内部有大煤块、木块等异物卡涩皮带	设备损坏	6	6	1	36	2	每天交接班时必须全面检查采样机内部情况	
3	静电除尘器运行操作	静电除尘器各部人孔门和电除尘高压硅整流隔离柜柜门关闭不严，高压系统投入时放电	（1）人身伤害。 （2）设备损坏	6	1	7	42	2	电场投运前，检查电除尘器各部人孔门和电除尘高压硅整流隔离柜柜门关闭牢固	

续表

编号	作业活动/步骤简短描述	危险条件/危害因素	可能导致的后果/事故	风险评价					现有控制措施	建议改进措施
				L	E	C	D	风险程度		
3	静电除尘器运行操作	电气设备绝缘不合格或接地不良，巡检人员检查时接触到除尘器带电外壳	(1) 人身伤害。 (2) 设备损坏	10	1	3	30	2	(1) 启动前检查除尘器接地良好。 (2) 电动机停运15天及以上应检测电动机绝缘合格方可运行	
		现场有检修人员工作误启动设备	人身伤害	10	0.5	7	35	2	班前会做好安全交底，明确交代检修工作内容、工作地点、工作到期时间、安全措施等	
		煤粉吸附在极板、极板线上或沉积在灰斗内，时间久后积粉自燃	设备损坏	10	1	3	30	2	定期投入振打装置确保极板清洁，定期清理灰斗保证无煤粉沉积	

续表

编号	作业活动/步骤简短描述	危险条件/危害因素	可能导致的后果/事故	风险评价					现有控制措施	建议改进措施
				L	E	C	D	风险程度		
4	除铁器运行操作	现场有检修人员工作误启动设备	人身伤害	10	0.5	7	35	2	班前会做好安全交底，明确交代检修工作内容、工作地点、工作到期时间、安全措施等	
		电动机外壳接地不合格，外壳带电	人身触电伤害	6	0.5	15	45	2	（1）检查接地良好。 （2）电动机停运15天及以上应检测电动机绝缘合格方可运行	
		除铁器运行时，人工清理除铁器吸出的铁件或在弃铁区停留	人身伤害	10	1	3	30	2	（1）人工清理铁件时必须停运设备并切断电源；盘式除铁器移动时响警铃，下方人行通道不得有人。 （2）严禁在弃铁区域附近停留	

续表

编号	作业活动/步骤简短描述	危险条件/危害因素	可能导致的后果/事故	风险评价					现有控制措施	建议改进措施
				L	E	C	D	风险程度		
4	除铁器运行操作	清理除铁器吸出的雷管时，雷管受到碰撞、挤压、掉落	(1) 人身伤害。 (2) 设备损坏	10	0.5	15	75	3	清理除铁器吸出的雷管时，避免雷管受到碰撞、挤压、掉落，清除的雷管交由保卫部门处理	
		煤中的铁件无法吸出，卡在导料槽或犁煤器上划伤皮带	设备损坏	10	2	3	60	2	不能联锁时手动投入运行，无法吸铁时通知检修处理，并加强巡视，发现铁件及时停皮带取出	
5	滚轴筛运行操作	现场有检修人员工作误启动设备	人身伤害	10	0.5	7	35	2	班前会做好安全交底，明确交代检修工作内容、工作地点、工作到期时间、安全措施等	

续表

编号	作业活动/步骤简短描述	危险条件/危害因素	可能导致的后果/事故	风险评价					现有控制措施	建议改进措施
				L	E	C	D	风险程度		
5	滚轴筛运行操作	电动机外壳接地不合格，外壳带电	人身触电伤害	6	0.5	15	45	2	（1）检查接地良好。 （2）电动机停运15天及以上应检测电动机绝缘合格方可运行	
		滚轴筛异常停运，短时间内连续启动	设备损坏	6	0.5	15	45	2	应及时查明原因，故障消除后方可启动，启动间隔不少于30min	
		人工清理滚轴筛时，设备突然转动	人身伤害	10	0.5	15	75	3	（1）滚轴筛及上一级设备必须停电，挂“禁止合闸，有人工作”标示牌，确认设备完全停止后方可进行工作。 （2）使用专用工具进行清理，禁止人员进入滚轴筛或用手清理	

续表

编号	作业活动/步骤简短描述	危险条件/危害因素	可能导致的后果/事故	风险评价					现有控制措施	建议改进措施
				L	E	C	D	风险程度		
6	碎煤机运行操作	现场有检修人员工作误启动设备	人身伤害	10	0.5	7	35	2	班前会做好安全交底，明确交代检修工作内容、工作地点、工作到期时间、安全措施等	
		电动机外壳接地不合格，外壳带电	人身触电伤害	6	0.5	15	45	2	（1）检查接地良好。 （2）电动机停运15天及以上应检测电动机绝缘合格方可运行	
		人工清理碎煤机时，环锤突然转动	人身伤害	10	0.5	15	75	3	（1）碎煤机及上一级设备必须停电，挂“禁止合闸，有人工作”标示牌，确认环锤完全停止后方可进行工作。 （2）使用专用工具进行清理，禁止人员进入碎煤机或用手清理	

续表

编号	作业活动/步骤简短描述	危险条件/危害因素	可能导致的后果/事故	风险评价					现有控制措施	建议改进措施
				L	E	C	D	风险程度		
6	碎煤机运行操作	碎煤机异常停运，短时间内连续启动	设备损坏	6	0.5	15	45	2	应及时查明原因，故障消除后方可启动，启动间隔不少于30min	
7	1、2号斗轮机运行操作	现场有检修人员工作误启动设备	人身伤害	10	0.5	7	35	2	班前会做好安全交底，明确交代检修工作内容、工作地点、工作到期时间、安全措施等	
		电动机外壳接地不合格，外壳带电	人身触电伤害	6	0.5	15	45	2	（1）检查接地良好。 （2）电动机停运15天及以上应检测电动机绝缘合格方可运行	

续表

编号	作业活动/步骤简短描述	危险条件/危害因素	可能导致的后果/事故	风险评价					现有控制措施	建议改进措施
				L	E	C	D	风险程度		
7	1、2号斗轮机运行操作	斗轮操作时，斗轮作业区域内有人员、车辆交叉作业	人身伤害	6	1	15	90	3	运行前确认操作区域内无人和车辆作业，行走时响警告铃	
		斗轮机与皮带无连锁运行，造成严重堵煤和皮带损坏	设备损坏	3	3	3	18	1	运行时必须投入联锁保护，联锁保护失灵禁止运行设备	
		在较陡的煤堆底部取煤，煤堆塌方掩埋斗轮或悬臂	设备损坏	10	0.5	15	75	3	斗轮机应自上而下分层取煤，禁止直接在较陡的煤堆底部取煤	

续表

编号	作业活动/步骤简短描述	危险条件/危害因素	可能导致的后果/事故	风险评价					现有控制措施	建议改进措施
				L	E	C	D	风险程度		
7	1、2号斗轮机运行操作	斗轮机、推耙机配合作业时发生碰撞	(1) 设备损坏。 (2) 人身伤害	10	1	7	70	2	斗轮机应注意推耙机的动向，两车之间保持3m以上的距离	
		斗轮机大车行走时，外挂行走变速箱碰撞杂物	设备损坏	3	2	3	18	1	定期检查行走机构，斗轮机运行前应及时消除行走变速箱处的积煤和杂物	
		斗轮机操作时遇上大风或停止操作后没有锚定，造成斗轮机被风刮动倾倒	设备损坏	3	1	40	120	3	启动前全面检查设备情况，发现设备异常及时汇报程控通知检修人员处理	

附表 5

作业地点或分析范围：输煤线

作业内容描述：输煤线停运操作

主要作业风险：①因违规、违章作业，穿戴不合适劳动防护用品，引起人身伤害；因通信不畅影响救援，导致人身伤害加重。②因设备存在的缺陷未检查到位就进行操作导致设备损坏、人身伤害。③因未正确使用工器具导致高空坠物伤人。④因高空作业未正确使用安全带导致高空坠落。⑤因积粉积煤造成自燃、火灾、爆炸和其他人身伤害。⑥因现场工作环境导致滑跌碰撞、职业病。⑦因设备短路、漏电导致触电。⑧因皮带跑偏导致皮带刮破、局部损伤

控制措施：①程控室必须设有急救箱，运行人员必须掌握各类急救知识。②定期发放合格劳保用品；正确穿戴安全帽、防尘口罩、耳塞、手套、工作鞋等。③加强现场技能培训和安全培训，熟练掌握安全规程和设备操作规程。④正确使用各类工器具，定期对工器具进行校验，保证合格。⑤定期对现场的积煤积粉进行清理。⑥高空作业必须正确使用安全带。⑦定期对设备接地线进行检查，确保设备可靠接地

编号	作业活动/步骤简短描述	危险条件/危害因素	可能导致的后果/事故	风险评价					现有控制措施	建议改进措施
				L	E	C	D	风险程度		
一	操作前准备									
1	熟悉程控操作程序和流程	不熟悉操作程序，误操作设备	(1) 人身伤害。 (2) 设备损坏	10	0.5	7	35	2	做好技术培训和安全交底，程控人员必须熟练使用程控操作系统	

续表

编号	作业活动/步骤简短描述	危险条件/危害因素	可能导致的后果/事故	风险评价					现有控制措施	建议改进措施
				L	E	C	D	风险程度		
2	穿戴合格的工作服、防护用品、工作鞋	工作服、防护用品不符合安全要求，产生静电影响控制系统	(1) 人身伤害。 (2) 设备损坏	3	10	3	90	3	穿合体工作服，使用合格的防护用品	
3	正确操作工业电视等监视设备	工业电视画面选择错误，无法及时发现现场设备故障和人身事故	(1) 人身伤害。 (2) 设备损坏	3	10	3	90	3	做好技术培训和安全交底，程控人员必须熟练使用工业电视设备，明确各个皮带监视画面	
4	正确使用通信工具	(1) 通信工具破损无法沟通。 (2) 人身伤害、设备损坏无法及时联络采取措施	(1) 人身伤害。 (2) 设备损坏	3	10	1	30	2	使用通信工具必须先检查工具是否完好，通信是否正常	
5	佩戴安全帽	安全帽破损、不正确佩戴	高空坠物砸伤	10	10	3	300	4	班前会严格检查两穿一戴，正确佩戴安全帽	
6	准备巡检钥匙	拿错钥匙而匆忙往返引起绊倒、摔伤等	人身伤害	3	10	1	30	2	巡检前先确认已经佩带好钥匙	

续表

编号	作业活动/步骤简短描述	危险条件/危害因素	可能导致的后果/事故	风险评价					现有控制措施	建议改进措施
				L	E	C	D	风险程度		
二	操作内容									
1	皮带停运操作	皮带上有余煤未走空长时间氧化自燃	设备损坏	6	2	3	36	2	程控和现场岗位确认皮带上煤炭已经走空后方可停止皮带运行	
		皮带停止后保洁人员往电动机、减速箱上冲水	设备损坏	6	3	3	54	2	加强安全教育，禁止往电动机、减速箱冲水	
		设备范围内撒煤、堵煤未及时清理，影响到继续运行	设备损坏	6	3	1	18	1	设备停止后及时清理积煤、积粉	
		未按顺煤流程序停止皮带，上、下级皮带堵煤	设备损坏	10	1	1	10	1	严格按顺煤流程序停止皮带	
		挡板有粘煤，有铁棒及木棒等杂物卡住三通挡板	设备损坏	10	2	1	20	1	及时清理设备和挡板上的杂物、积煤和粘煤	
2	采样机停运操作	采样机电动机未完全停下就打开人孔门清理碎煤机积煤	人身伤害	10	1	7	70	2	必须等采样机完全停止后方可打开人孔门清理采样机	

续表

编号	作业活动/步骤简短描述	危险条件/危害因素	可能导致的后果/事故	风险评价					现有控制措施	建议改进措施
				L	E	C	D	风险程度		
2	采样机停运操作	采样机一级采样头卡在皮带上	设备损坏	10	1	3	30	2	及时通知检修人员处理	
		采样机电动机堵转发热引起内部积煤自燃	设备损坏	6	2	3	36	2	及时清理积煤积粉，发现电动机异常及时停止设备运行，通知检修处理	
		清理采样机未使用专用工具，徒手进行清理	人身伤害	6	2	3	36	2	禁止徒手清理采样机，必须使用专用工具	
3	静电除尘器停运操作	除尘器未完全停下就打开人孔门检查除尘器内部情况	人身伤害	10	1	7	70	2	必须等除尘器完全停下方可打开人孔门检查除尘器	
		高压极板发热引起内部积粉发热冒烟	设备损坏	10	2	3	60	2	加强除尘器测温工作，发现稳定异常及时采取措施处理	

续表

编号	作业活动/步骤简短描述	危险条件/危害因素	可能导致的后果/事故	风险评价					现有控制措施	建议改进措施
				L	E	C	D	风险程度		
3	静电除尘器停运操作	高压硅整流变压器有异常声音，高压输出异常放电未及时停运	设备损坏	10	1	7	70	2	高压硅整流变压器有异常声音，高压输出异常放电应及时停止设备运行	
		除尘器卸灰及冲水情况异常，灰斗和沟道大量积煤，在高温环境下氧化自燃	设备损坏	10	2	3	60	2	设备停运后严格检查各除尘器卸灰及冲水情况正常，灰斗和沟道不得有积灰	
4	除铁器停运操作	除铁器异常，联锁停止运行后将铁件弃在皮带上或落煤管中	设备损坏	10	2	3	60	2	发现设备异常应进行人工弃铁，禁止投入联锁	
		盘式除铁器长期停运时悬挂在皮带上方，除铁器积粉长期氧化自燃落在皮带上	设备损坏	10	2	3	60	2	盘式除铁器长期停运时应移至弃铁位，及时清理除铁器上方积煤积粉	

续表

编号	作业活动/步骤简短描述	危险条件/危害因素	可能导致的后果/事故	风险评价					现有控制措施	建议改进措施
				L	E	C	D	风险程度		
4	除铁器停运操作	除铁器移至弃铁位时行走轮或轨道损坏，除铁器掉落	(1) 人身伤害。 (2) 设备损坏	10	0.5	7	35	2	除铁器行走之前检查行走轮和轨道完好方可移到除铁器	
5	滚轴筛停运操作	未挂安全带爬上滚轴筛上煤清理筛轴粘煤	人身伤害	6	6	1	36	2	清理滚轴筛筛轴时必须正确使用安全带	
		筛轴温度急剧升高或串轴严重未停止滚轴筛运行	设备损坏	10	1	7	70	2	筛轴温度急剧升高或串轴严重必须立即停止滚轴筛运行	
		筛片断落、碎煤机堵转未停止滚轴筛运行	设备损坏	10	1	7	70	2	筛片断落、碎煤机堵转必须立即停止滚轴筛运行	
		程控误操作，误停运行一路的滚轴筛	设备损坏	6	1	3	18	1	精细操作，确认操作界面无误方可停止设备运行	

续表

编号	作业活动/步骤简短描述	危险条件/危害因素	可能导致的后果/事故	风险评价					现有控制措施	建议改进措施
				L	E	C	D	风险程度		
6	碎煤机停运操作	碎煤机环锤未完全停下就打开人孔门清理碎煤机积煤	人身伤害	10	1	7	70	2	必须等碎煤机环锤完全停止后方可打开人孔门清理碎煤机	
		皮带上有煤未停止运行就停止碎煤机运行，碎煤机堵转	设备损坏	10	1	3	30	2	皮带上的煤炭全部走空之后按照顺煤流顺序停止设备运行	
		进行清理工作时，未做好防止转动的安全措施就进行清理工作	人身伤害	10	1	7	70	2	进行清理工作时，必须做好防止转动的安全措施方可进行清理工作	
7	1、2号斗轮机停运操作	液压站漏油，回转平台积油	(1) 设备损坏。 (2) 人身伤害	6	3	1	18	1	及时清理地面油污，通知检修及时处理缺陷	

续表

编号	作业活动/步骤简短描述	危险条件/危害因素	可能导致的后果/事故	风险评价					现有控制措施	建议改进措施
				L	E	C	D	风险程度		
7	1、2号斗轮机停运操作	大车夹轨器无法闭合，大风推动大车行走	设备损坏	6	1	7	42	2	大车停止后确认夹轨器夹紧，发现异常及时通知检修处理	
		斗轮机悬臂放在煤堆上，煤堆上有煤自燃，轮斗被塌煤压住	设备损坏	10	2	3	60	2	斗轮机停止运行后将悬臂归正，禁止放在煤堆上	
		设备停运后俯仰过高或过低形成大角度斜坡影响行走	人身伤害	6	6	1	36	2	停运后将悬臂放平，避免出现过大坡度导致人员滑跌摔伤	
		长期停运或台风天气未将斗轮机锚定，大风推动大车行走	设备损坏	6	1	7	42	2	长期停运或台风天气应将斗轮机走到锚定坑进行锚定	

附表 6

作业地点或分析范围：输煤系统

作业内容描述：输煤程控运行操作

主要作业风险：①操作不当，造成现场人员人身伤害；②监视不到位，造成设备损坏；③程序运行中对于故障的措施不到位导致人身伤害或设备损坏

控制措施：①程控人员加强与现场岗位的联系，精心监盘，精细操作；②加强对程控界面所有参数与设备运行情况的监视；③做好事故预想，认真落实各项事故预案；④做好安全交底和技术培训，确保每个值班员技术过硬

编号	作业活动/步骤简短描述	危险条件/危害因素	可能导致的后果/事故	风险评价					现有控制措施	建议改进措施
				L	E	C	D	风险程度		
一	操作前准备									
1	熟悉程控操作程序和流程	不熟悉操作程序，误操作设备	(1) 人身伤害。 (2) 设备损坏	10	0.5	7	35	2	做好技术培训和安全交底，程控人员必须熟练使用程控操作系统	
2	穿戴合格的工作服、防护用品、工作鞋	工作服、防护用品不符合安全要求，产生静电影响控制系统	(1) 人身伤害。 (2) 设备损坏	3	10	3	90	3	穿合体工作服，使用合格的防护用品	
3	正确操作工业电视设备	工业电视画面选择错误，无法及时发现现场设备故障和人身事故	(1) 人身伤害。 (2) 设备损坏	3	10	3	90	3	做好技术培训和安全交底，程控人员必须熟练使用工业电视设备，明确各个皮带画面	

续表

编号	作业活动/步骤简短描述	危险条件/危害因素	可能导致的后果/事故	风险评价					现有控制措施	建议改进措施
				L	E	C	D	风险程度		
4	正确使用通信工具	（1）通信工具破损无法沟通。 （2）人身伤害、设备损坏无法及时联络采取措施	(1) 人身伤害。 (2) 设备损坏	3	10	1	30	2	使用通信工具必须先检查工具是否完好，通信是否正常	
二	操作内容									
1	设备程序启停操作	程控值班员没有得到现场值班员检查完毕的答复，人员还未离开就启动程序	(1) 人身伤害。 (2) 设备损坏	6	1	7	42	2	程控值班员必须得到现场值班员检查完毕的答复，人员离开方可启动程序	
		程控值班员未通过工业电视确认现场情况，未发出启动警告信号就启动程序	人身伤害	6	1	7	42	2	程控值班员通过工业电视确认现场情况，启动程序前发出启动警告信号方可启动程序	

续表

编号	作业活动/步骤简短描述	危险条件/危害因素	可能导致的后果/事故	风险评价					现有控制措施	建议改进措施
				L	E	C	D	风险程度		
1	设备程序启停操作	现场皮带上余煤未走空就停止程序运行	(1) 堵煤。 (2) 设备损坏	3	3	1	9	1	现场皮带上余煤走空之后方可停止程序运行，预防堵煤	
		未按照顺煤流停止，逆煤流启动的顺序进行启停操作	(1) 堵煤。 (2) 设备损坏	10	3	1	30	2	严格按照顺煤流停止，逆煤流启动的顺序进行启停操作	
		在短时间内频繁启动高压设备	(1) 设备损坏	10	1	15	150	3	高压设备停运后必须按规程等待30min之后方可启动	
2	运行流程方式选择	程序启动运行后，运行流程未挂联锁或流程选择错误，皮带异常停运无法及时停止上游设备	(1) 堵煤。 (2) 设备损坏	10	2	3	60	2	精细操作，流程选定后确认无误方可进行后续操作	

续表

编号	作业活动/步骤简短描述	危险条件/危害因素	可能导致的后果/事故	风险评价					现有控制措施	建议改进措施
				L	E	C	D	风险程度		
2	运行流程方式选择	程序启动运行后，除铁器等附属设备未及时启动运行，铁件卡在导料槽、落煤管中	设备损坏	10	3	1	30	2	程序启动后检查附属设备是否完全启动，未启动的查明原因后就地启动	
		设备运行过程中进行程控、联锁手动、解锁手动三种运行方式切换	设备损坏	10	0.5	3	15	1	程控、联锁手动、解锁手动三种方式严禁在设备运行过程中切换，只有在事故情况下才能使用	
		在程序启/停期间，所选流程设备未完全启/停完毕，进行新的流程选择	设备损坏	10	0.5	7	35	2	在程序启动期间，所选流程设备未完全启动完毕，严禁再进行新的流程选择	

续表

编号	作业活动/步骤简短描述	危险条件/危害因素	可能导致的后果/事故	风险评价					现有控制措施	建议改进措施
				L	E	C	D	风险程度		
3	设备运行监视、试验、故障处理	程控人员监视不到位，电动机电流等设备异常变化未及时发现	设备损坏	10	1	3	30	2	程控人员应认真监视设备电流和电流曲线，发现异常立即停止设备运行	
		程控人员监视不到位，皮带超负荷运行未及时发现	设备损坏	10	1	3	30	2	程控人员应认真监视煤流变化，严格控制上、卸煤量，发现异常立即停止设备运行	
		程序运行中，控制电源突然失电或控制失灵	设备损坏	10	1	3	30	2	通知煤源岗位停止给煤，等皮带上余煤走空后就地停止设备运行	
		带式输送机程控、就地均无法停止	设备损坏	6	1	3	18	1	立即通知电气检修人员在开关柜本体上进行分闸操作	
		设备试验时未与现场岗位沟通程控就启动设备进行试验	人身伤害	10	1	7	70	2	程控值班员必须得到现场值班员准备完毕的答复，人员到位方可进行试验	

续表

编号	作业活动/步骤简短描述	危险条件/危害因素	可能导致的后果/事故	风险评价					现有控制措施	建议改进措施
				L	E	C	D	风险程度		
4	设备运行操作	三通切换操作错误，打向停运的皮带处	设备损坏	10	1	1	10	1	三通切换之后必须让现场岗位确认无误	
		联锁故障或运行中误解除，致上段胶带因故障停运而下段胶带未能及时停运	设备损坏	10	2	1	20	1	（1）定期进行联锁试验，确保联锁完好。 （2）精细操作，禁止在运行中解锁	
		犁煤器选择错误，误向高煤位的煤仓加煤	满仓导致设备损坏	10	1	3	30	2	犁煤器选择落下后让现场岗位确认无误	
		刮水器忘记抬起就进行上煤，煤炭全部刮到栈桥上	设备损坏	10	1	1	10	1	刮水器放下后现场岗位在现场监护，水排干净后抬起刮水器	
		带煤流打三通电动机超载运行	设备损坏	10	2	1	20	1	禁止带煤流打三通	

附表 7

作业地点或分析范围：圆形煤仓

作业内容描述：圆形煤仓各种作业

主要作业风险：①因违规、违章作业，穿戴不合适劳动防护用品，引起人身伤害；因通信不畅影响救援，导致人身伤害加重。②因设备存在的缺陷未检查到位就进行操作导致设备损坏。③因未正确使用工器具导致高空坠物伤人。④因高空作业未正确使用安全带导致高空坠落。⑤动火作业造成火灾、爆炸和其他人身伤害

控制措施：①程控室必须设有急救箱，运行人员必须掌握各类急救知识。②定期发放合格劳保用品；正确穿戴安全帽、防尘口罩、耳塞、手套、工作鞋等。③加强现场技能培训和安全培训，熟练掌握安全规程和设备操作规程。④正确使用各类工器具，定期对工器具进行校验，保证合格。⑤动火作业必须开工作票，现场安全措施必须完全落实到位。⑥高空作业必须正确使用安全带

编号	作业活动/步骤简短描述	危险条件/危害因素	可能导致的后果/事故	风险评价					现有控制措施	建议改进措施
				L	E	C	D	风险程度		
一	工作前准备									
1	佩戴安全帽	安全帽破损、不正确佩戴	高空坠物砸伤	10	10	3	300	4	班前会严格检查两穿一戴，正确佩戴安全帽	

续表

编号	作业活动/步骤简短描述	危险条件/危害因素	可能导致的后果/事故	风险评价					现有控制措施	建议改进措施
				L	E	C	D	风险程度		
2	穿戴工作服、防护用品、防尘口罩、耳塞、手套、工作鞋	（1）工作服、防护用品不符合安全要求。 （2）防尘口罩、耳塞未使用导致职业病	(1) 人身伤害。 (2) 导致职业病	3	10	3	90	3	（1）穿合体工作服，使用合格的防护用品。 （2）正确使用防尘口罩、耳塞、手套	
3	携带必要的工器具	工器具未正确使用	(1) 人身伤害。 (2) 设备损坏	3	10	3	90	3	做好安全交底和技术培训，正确使用工器具	
4	携带通信工具	（1）通信工具破损无法沟通。 （2）人身伤害、设备损坏无法及时联络采取措施	(1) 人身伤害。 (2) 设备损坏	3	10	1	30	2	携带通信工具必须先检查工具是否完好，通信是否正常	

续表

编号	作业活动/步骤简短描述	危险条件/危害因素	可能导致的后果/事故	风险评价					现有控制措施	建议改进措施
				L	E	C	D	风险程度		
二	工作内容									
1	动火作业	动火地点与原煤仓未做可靠隔离，作业火花掉入煤仓	(1) 自燃着火。 (2) 设备损坏	10	1	40	400	5	在动火地点与煤仓之间用防火材料可靠隔离	
		工作地点无灭火器和水源，火花引起火灾无法及时扑救	(1) 设备损坏。 (2) 人身伤害	10	1	40	400	5	动火地点必须有灭火器和水源，严格执行动火措施票	
2	煤仓下煤不畅处理	未挂安全带爬到给煤机上	人身伤害	10	3	15	450	5	必须挂好安全带，并将安全带挂在牢固的构件上	
		戴手套使用铁锤、榔头敲打煤仓时铁锤、榔头掉落	人身伤害	6	2	3	36	2	禁止戴手套使用铁锤、榔头等，不得单手使用工器具	

续表

编号	作业活动/步骤简短描述	危险条件/危害因素	可能导致的后果/事故	风险评价					现有控制措施	建议改进措施
				L	E	C	D	风险程度		
2	煤仓下煤不畅处理	不同高度交叉作业	人身伤害	10	1	15	150	3	加强安全教育，禁止交叉作业	
3	圆形煤仓打空气炮	试验时有检修人员在工作	人身伤害	10	1	7	70	2	确认设备无人工作方可试验	
		空气炮松动、脱落时有人进行操作	(1) 设备损坏。 (2) 人身伤害	6	2	1	12	1	使用前检查现场设备完好，确认固定牢靠之后方可使用	
		阀门、管道漏气、损坏，人员经过时被高压气体喷到	人身伤害	6	2	1	12	1	使用前检查现场设备完好	
4	原煤仓捅煤操作	进入原煤仓捅煤前未对原煤仓内的环境进行检测	人身伤害	10	3	15	450	5	进入原煤仓捅煤前必须进行环境检测	

续表

编号	作业活动/步骤简短描述	危险条件/危害因素	可能导致的后果/事故	风险评价					现有控制措施	建议改进措施
				L	E	C	D	风险程度		
4	原煤仓捅煤操作	捅煤时未拿好工具导致工具掉落	设备损坏	6	3	1	18	1	正确使用合格的工器具，避免工器具掉落	
		进入原煤仓捅煤前未对工作人员进行安全交底	人身伤害	10	3	15	450	5	加强安全教育与技术培训，做好安全技术交底工作	
		无人监护下进入原煤仓进行捅煤工作	人身伤害	10	1	15	150	3	在捅煤过程中必须有专人监护	
		进入原煤仓捅煤未使用合格的安全带和工器具，安全带未挂在牢固的构件上	人身伤害	10	1	15	150	3	进入原煤仓内捅煤时必须挂好安全带，并将安全带挂在牢固的构件上	

续表

编号	作业活动/步骤简短描述	危险条件/危害因素	可能导致的后果/事故	风险评价					现有控制措施	建议改进措施
				L	E	C	D	风险程度		
4	原煤仓捅煤操作	捅煤时在不同高度交叉作业，用工器具掉落	人身伤害	10	1	15	150	3	在捅煤过程中必须有专人监护，禁止交叉作业	
		捅煤工作开始前未与程控人员沟通	人身伤害	6	6	7	252	4	捅煤前与相关人员做好沟通，避免设备突然启动	
		捅煤时发现煤仓内的煤有自燃现象时，立即进入煤仓灭火	人身伤害	10	3	15	450	5	发现煤仓内的煤有自燃现象时，应即采取措施灭火。煤斗内如有燃着或冒烟的煤时，禁止入内	

附表 8

作业地点或分析范围：输煤系统

作业内容描述：输煤设备定期切换、试验

主要作业风险：①因违规、违章作业，穿戴不合适劳动防护用品，引起人身伤害；因通信不畅影响救援，导致人身伤害加重。②因设备存在的缺陷未检查到位就进行操作导致设备损坏、人身伤害。③因未正确使用工器具导致高空坠物伤人。④因高空作业未正确使用安全带导致高空坠落。⑤因积粉积煤造成自燃、火灾、爆炸和其他人身伤害。⑥因现场工作环境导致滑跌碰撞、职业病。⑦因设备短路、漏电导致触电。⑧因皮带跑偏导致皮带刮破、局部损伤

控制措施：①程控室必须设有急救箱，运行人员必须掌握各类急救知识。②定期发放合格劳保用品；正确佩戴安全帽、防尘口罩、耳塞、手套、工作鞋等。③加强现场技能培训和安全培训，熟练掌握安全规程和设备操作规程。④正确使用各类工器具，定期对工器具进行校验，保证合格。⑤定期对现场的积煤积粉进行清理。⑥高空作业必须正确使用安全带。⑦定期对设备接地线进行检查，确保设备可靠接地

编号	作业活动/步骤简短描述	危险条件/危害因素	可能导致的后果/事故	风险评价					现有控制措施	建议改进措施
				L	E	C	D	风险程度		
一	试验前准备									
1	佩戴安全帽	安全帽破损、不正确佩戴	高空坠物砸伤	10	10	3	300	4	班前会严格检查两穿一戴，正确佩戴安全帽	
2	穿戴工作服、防护用品、防尘口罩、耳塞、手套、工作鞋	（1）工作服、防护用品不符合安全要求。 （2）防尘口罩、耳塞未使用导致职业病	（1）人身伤害。 （2）导致职业病	3	10	3	90	3	（1）穿合体工作服，使用合格的防护用品。 （2）正确使用防尘口罩、耳塞、手套	

续表

编号	作业活动/步骤简短描述	危险条件/危害因素	可能导致的后果/事故	风险评价					现有控制措施	建议改进措施
				L	E	C	D	风险程度		
3	携带必要的巡查工具（如测温测振工具等）	（1）测温测振工具显示值不正确。 （2）工器具未经检验合格	(1) 人身伤害。 (2) 设备损坏	3	10	3	90	3	携带各类工器具必须先检查工具是否完好，仪器电量是否充足，有无定期检验合格	
4	携带通信工具	（1）通信工具破损无法沟通。 （2）人身伤害、设备损坏无法及时联络采取措施	(1) 人身伤害。 (2) 设备损坏	3	10	1	30	2	携带通信工具必须先检查工具是否完好，通信是否正常	
5	准备各类钥匙	拿错钥匙而匆忙往返引起绊倒、摔伤等	人身伤害	3	10	1	30	2	试验前先确认已经佩带好钥匙	
6	熟悉各种试验步骤和流程	不熟悉各种试验步骤和流程，导致误操作	(1) 人身伤害。 (2) 设备损坏	10	1	7	70	2	做好技术培训和安全交底，试验人员必须熟悉试验步骤流程	

续表

编号	作业活动/步骤简短描述	危险条件/危害因素	可能导致的后果/事故	风险评价					现有控制措施	建议改进措施
				L	E	C	D	风险程度		
二	试验内容									
1	各类保护开关试验	误动作运行设备保护开关，保护动作跳停运行的设备	堵煤导致设备损坏	6	3	1	18	1	确认试验设备已经停止运行	
		保护开关试验时人员站位不正确导致伤害	人身伤害	3	3	3	27	2	保护试验时正确选择站位，使用正确的工具进行试验	
		保护开关短路、接地故障，外壳带电，误碰外壳	触电人身伤害	10	3	1	30	2	试验前检查确认设备完好，发现故障及时通知检修人员处理	
2	皮带警铃试验	警铃短路拉弧引燃积煤积粉	（1）造成火灾。 （2）设备损坏	10	6	1	60	2	试验时现场有专人监护	
		试验时有人在进行检修工作	（1）触电。 （2）人身伤害	10	2	1	20	1	试验前确认设备无检修工作	

续表

编号	作业活动/步骤简短描述	危险条件/危害因素	可能导致的后果/事故	风险评价					现有控制措施	建议改进措施
				L	E	C	D	风险程度		
2	皮带警铃试验	试验中，警铃松动掉落	人身伤害	3	2	1	6	1	试验前确认设备完好	
3	输煤皮带机切换试验	切换皮带机时发生误操作	(1) 人身伤害。 (2) 设备损坏	6	3	1	18	1	精心监盘，精细操作，避免误操作	
		切换过程中误挂联锁，导致运行设备跳停堵煤	设备损坏	6	3	1	18	1	精心监盘，精细操作，避免误挂联锁	
		试验设备处于检修状态下误启动	人身伤害	10	1	15	150	3	启动设备前确认设备没有检修工作，符合运行条件	
		启动、切换设备未与现在岗位沟通	人身伤害	6	3	1	18	1	启动、切换设备时与现场岗位及时沟通	

续表

编号	作业活动/步骤简短描述	危险条件/危害因素	可能导致的后果/事故	风险评价					现有控制措施	建议改进措施
				L	E	C	D	风险程度		
4	斗轮机俯仰限位开关、回转限位开关、行走限位开关、头部导料槽限位开关、分流挡板限位开关试验	试验时有检修人员在工作	人身伤害	10	1	15	150	3	设备试验前确认无人工作	
		保护开关不动作导致碰撞到杂物、障碍物	设备损坏	3	3	3	27	2	试验时专人配合监护，发现保护不动作立即停止运行	
		挡板处积煤过多，卡涩引起电动机过载	设备损坏	6	3	1	18	1	试验前清理干净各个挡板上煤的积煤、粘煤	
		大车行走时无声光报警，人员穿越轨道时误碰撞	人身伤害	3	3	7	63	2	大车行走前确认大车行走声光报警完好	
5	各转运站MCC进线电源切换试验	用电设备在运行时进行试验	(1) 人身伤害。 (2) 设备损坏	10	2	1	20	1	确认所有设备已经处于停止状态	

续表

编号	作业活动/步骤简短描述	危险条件/危害因素	可能导致的后果/事故	风险评价					现有控制措施	建议改进措施
				L	E	C	D	风险程度		
5	各转运站MCC进线电源切换试验	有检修工作时进行试验	人身伤害	10	2	15	300	4	确认无人工作时方可进行试验	
		无法正常切换备用电源导致失电	设备损坏	3	2	1	6	1	试验前做好事故预想，及时恢复电源，通知检修处理故障	
		电源切换机构卡涩、变形，产生电弧	(1) 人身伤害。 (2) 设备损坏	6	2	3	36	2	试验前确认设备完好，试验过程中专人监护	
		开关柜接地不良，设备外壳带电	触电人身伤害	6	2	3	36	2	试验前确认开关柜接地良好，各开关状态正常	

附表 9

作业地点或分析范围：输煤栈桥

作业内容描述：输煤系统保洁

主要作业风险：①因穿戴不合适劳动防护用品、不熟悉巡检路线导致人员滑跌、触电和其他人身伤害。②因粉尘引起火灾、人员伤害和设备事故。③因人员误碰转动设备引起机械伤害。④因高空落物引起的物体打击伤害

控制措施：①穿戴合适的劳动防护用品、加强人员清扫路线的熟悉程度。②及时清理积煤、积粉。③启动设备前鸣铃示警、转动部位防护罩保证完好。④设备运行时禁止人员清扫设备的转动部分

编号	作业活动/步骤简短描述	危险条件/危害因素	可能导致的后果/事故	风险评价					现有控制措施	建议改进措施
				L	E	C	D	风险程度		
一	工作前准备									
1	佩戴安全帽	安全帽破损、不正确佩戴	高空坠物砸伤	10	10	3	300	4	班前会严格检查两穿一戴，正确佩戴安全帽	
2	穿戴工作服、防护用品、防尘口罩、耳塞、手套、工作鞋	（1）工作服、防护用品不符合安全要求。 （2）防尘口罩、耳塞未使用导致职业病	（1）人身伤害。 （2）导致职业病	3	10	3	90	3	（1）穿合体工作服，使用合格的防护用品。 （2）正确使用防尘口罩、耳塞、手套	
3	携带必要的工器具	工器具未正确使用	（1）人身伤害。 （2）设备损坏	3	10	3	90	3	做好安全交底和技术培训，正确使用工器具	

续表

编号	作业活动/步骤简短描述	危险条件/危害因素	可能导致的后果/事故	风险评价					现有控制措施	建议改进措施
				L	E	C	D	风险程度		
二	工作内容									
	保洁作业	往皮带上冲水，回程皮带、滚筒进水，造成皮带打滑	设备损坏	6	6	1	36	2	禁止往运行中或备用的皮带上冲水	
		皮带运行时清理回程皮带下方和滚筒上的积煤、粘煤	人身伤害	10	3	15	450	4	禁止设备运行时清理皮带下发和滚筒上的积煤、粘煤	
		冲洗栈桥导致楼梯积水湿滑	人身伤害	6	6	1	36	2	冲洗后的楼梯口放置警示牌	
		设备运行时擅自打开设备人孔门清理积煤、粘煤	人身伤害	10	3	15	450	4	设备运行时禁止打开设备人孔门	
		清扫作业时误入除铁器弃铁区域	人身伤害	6	6	7	252	4	加强安全教育，防止进入除铁器弃铁区域	
		冲水时误冲电气设备，造成电气回路短路、烧毁	设备损坏	10	2	3	60	2	禁止冲洗水冲到电气设备或运行中的其他设备	

附表 10

作业地点或分析范围：输煤系统

作业内容描述：人工捅煤作业

主要作业风险：①工作环境缺氧人员窒息导致的人身伤害；②高空坠落导致的人身伤害；③高空落物砸伤导致的人身伤害

控制措施：①程控室必须设有急救箱、钥匙箱；②正确使用各类工器具，定期对工器具进行校验，保证合格；③加强现场技能培训和安全培训；④定期发放合格劳保用品；⑤正确穿戴安全帽、防尘口罩、耳塞、手套、工作鞋等；⑥及时检测工作环境，确保人身安全；⑦高空作业正确使用安全带

编号	作业活动/步骤简短描述	危险条件/危害因素	可能导致的后果/事故	风险评价					现有控制措施	建议改进措施
				L	E	C	D	风险程度		
一	工作前准备									
1	佩戴安全帽	安全帽破损、不正确佩戴	高空坠物砸伤	10	10	3	300	4	班前会严格检查两穿一戴，正确佩戴安全帽	
2	穿戴工作服、防护用品、防尘口罩、耳塞、手套、工作鞋	（1）工作服、防护用品不符合安全要求。 （2）防尘口罩、耳塞未使用导致职业病	（1）人身伤害。 （2）导致职业病	3	10	3	90	3	（1）穿合体工作服，使用合格的防护用品。 （2）正确使用防尘口罩、耳塞、手套	

续表

编号	作业活动/步骤简短描述	危险条件/危害因素	可能导致的后果/事故	风险评价					现有控制措施	建议改进措施
				L	E	C	D	风险程度		
3	携带必要的工器具	工器具未正确使用	(1) 人身伤害。 (2) 设备损坏	3	10	3	90	3	做好安全交底和技术培训，正确使用工器具	
4	携带通信工具	（1）通信工具破损无法沟通。 （2）人身伤害、设备损坏无法及时联络采取措施	(1) 人身伤害。 (2) 设备损坏	3	10	1	30	2	携带通信工具必须先检查工具是否完好，通信是否正常	
二	工作内容									
	人工捅煤作业	设备未停止运行就清理落煤管、滚筒上的粘煤、积煤	人身伤害	10	3	3	90	3	加强安全教育与技术培训，做好安全技术交底工作 在所有设备都停止运行时方可进行捅煤工作	

续表

编号	作业活动/步骤简短描述	危险条件/危害因素	可能导致的后果/事故	风险评价					现有控制措施	建议改进措施
				L	E	C	D	风险程度		
	人工捅煤作业	进入输煤设备捅煤时未佩戴安全带，安全带未挂在牢固的构件上	人身伤害	10	1	15	150	3	进入设备内部、船舱、原煤仓内捅煤时必须挂好安全带，并将安全带挂在牢固的构件上	
		进入原煤仓、船舱捅煤前未对原煤仓、船舱内的环境进行检测，仓内氧气少引起窒息	人身伤害	10	3	15	450	5	进入原煤仓、船舱捅煤前必须进行环境检测，环境检测部合格禁止入内作业	
		无人监护下进入原煤仓、船舱和其他设备进行捅煤工作	人身伤害	10	1	15	150	3	进入原煤仓、船舱捅煤必须有专人监护	
		进入原煤仓捅煤未使用合格的安全带和工器具	人身伤害	10	1	15	150	3	正确使用合格的工器具，避免工器具掉落，正确佩戴安全带	

续表

编号	作业活动/步骤简短描述	危险条件/危害因素	可能导致的后果/事故	风险评价					现有控制措施	建议改进措施
				L	E	C	D	风险程度		
	人工捅煤作业	捅煤时在不同高度交叉作业	人身伤害	10	1	15	150	3	做好安全交底和技术培训，禁止交叉作业	
		非特殊情况下，进入有煤的煤斗内捅堵煤	人身伤害	10	3	15	450	5	非特殊情况下禁止进入有煤的煤斗内捅堵煤。特殊情况下进入煤斗内必须采取相应的安全措施	
		捅煤时发现煤斗内的煤有自燃现象时，立即进入煤斗灭火	人身伤害	10	3	15	450	5	发现煤斗内的煤有自燃现象时，应即采取措施灭火。煤斗内如有燃着或冒烟的煤时，禁止入内	

附表 11

作业地点或分析范围：煤场

作业内容描述：日常煤场管理

主要作业风险：①煤堆陡坡发生坍塌，造成人身伤害；②因雨水造成煤场积水、煤垛坍塌导致设备损坏；③因煤堆存放时间过长导致自燃着火

控制措施：①程控室必须设有急救箱、钥匙箱；②正确使用各类工器具，定期对工器具进行校验，保证合格；③加强现场技能培训和安全培训；④定期发放合格劳保用品；⑤正确佩戴安全帽、防尘口罩、耳塞、手套、工作鞋等

编号	作业活动/步骤简短描述	危险条件/危害因素	可能导致的后果/事故	风险评价					现有控制措施	建议改进措施
				L	E	C	D	风险程度		
一	工作前准备									
1	佩戴安全帽	安全帽破损、不正确佩戴	高空坠物砸伤	10	10	3	300	4	班前会严格检查两穿一戴，正确佩戴安全帽	
2	穿戴工作服、防护用品、防尘口罩、耳塞、手套、工作鞋	（1）工作服、防护用品不符合安全要求。 （2）防尘口罩、耳塞未使用导致职业病	（1）人身伤害。 （2）导致职业病	3	10	3	90	3	（1）穿合体工作服，使用合格的防护用品。 （2）正确使用防尘口罩、耳塞、手套	

续表

编号	作业活动/步骤简短描述	危险条件/危害因素	可能导致的后果/事故	风险评价					现有控制措施	建议改进措施
				L	E	C	D	风险程度		
3	携带必要的巡查工具（如测温工具等）	（1）测温工具显示值不正确。 （2）工器具未经检验合格	(1) 人身伤害。 (2) 设备损坏	3	10	3	90	3	携带各类工器具必须先检查工具是否完好，仪器电量是否充足，有无定期检验合格	
4	携带通信工具	（1）通信工具破损无法沟通。 （2）人身伤害、设备损坏无法及时联络采取措施	(1) 人身伤害。 (2) 设备损坏	3	10	1	30	2	（1）携带通信工具必须先检查工具是否完好，通信是否正常	
二	工作内容									
1	煤场巡视测温	在工程机械工作区域逗留	人身伤害	6	2	3	36	2	工程车辆作业区域禁止无关人员通行和逗留	
		煤场有大量自燃明火，烟气很大导致窒息	人身伤害	6	3	1	18	1	发现自燃及时处理，个人无法处理通知工程机械处理	

续表

编号	作业活动/步骤简短描述	危险条件/危害因素	可能导致的后果/事故	风险评价					现有控制措施	建议改进措施
				L	E	C	D	风险程度		
1	煤场巡视测温	煤场积水人员行走时陷入	人身伤害	6	3	1	18	1	巡视时按路线行走，不得随意攀爬煤堆	
		煤场堆高后坍塌掩埋人员	人身伤害	10	1	15	150	3	巡视时按路线行走，不得随意攀爬煤堆	
		煤场存放时间长氧化自燃	发生火灾	3	6	1	18	1	当煤堆温度超过60℃时通知工程机械倒堆、整场	
2	煤场整场、倒堆作业	煤场堆高后容易坍塌	(1) 人身伤害。 (2) 设备损坏	6	2	3	36	2	工程机械及时对煤堆进行压实、倒堆，防止煤堆坍塌和自燃	

续表

编号	作业活动/步骤简短描述	危险条件/危害因素	可能导致的后果/事故	风险评价					现有控制措施	建议改进措施
				L	E	C	D	风险程度		
2	煤场整场、倒堆作业	煤场倾斜度很大工程机械发生侧翻、滑落	(1) 人身伤害。 (2) 设备损坏	6	3	3	54	2	做好工程机械陷落、侧翻、滑落的事故预想和防范措施	
		斗轮机、工程车辆交叉作业	(1) 人身伤害。 (2) 设备损坏	10	2	3	60	2	工程机械与斗轮机禁止交叉作业	
		工程机械陷入煤堆	设备损坏	3	10	1	30	2	加强对工程机械司机的技术和安全培训工作	
3	喷淋降尘	喷淋时间过久，水量太大	煤堆坍塌	3	3	1	9	1	喷淋时有专人监护	

续表

编号	作业活动/步骤简短描述	危险条件/危害因素	可能导致的后果/事故	风险评价					现有控制措施	建议改进措施
				L	E	C	D	风险程度		
3	喷淋降尘	喷淋头卡涩无法转动	设备损坏	3	3	1	9	1	定期检查喷淋头、阀门工作情况	
		逆风喷淋导致淋湿皮带	皮带打滑	6	3	1	18	1	加强技能和安全培训，随时注意风向	
4	防台防汛	煤泥滑至皮带栈桥掩埋斗轮机轨道和皮带	设备损坏	6	1	3	18	1	执行燃料部防台防汛应急预案的各项措施	
		煤场满水煤堆垮塌	(1) 人身伤害。 (2) 设备损坏	10	1	15	150	3	用木板挡住煤场四周，防止煤泥滑入栈桥和马路	

续表

编号	作业活动/步骤简短描述	危险条件/危害因素	可能导致的后果/事故	风险评价					现有控制措施	建议改进措施
				L	E	C	D	风险程度		
4	防台防汛	煤炭过湿影响锅炉用煤	设备损坏	6	1	7	42	2	存储适量的干煤进行掺配煤	
		煤场排水不畅积水淹没栈桥设备	设备损坏	6	3	1	18	1	（1）及时清理煤场排水沟。 （2）及时做好煤水沉淀池的排水	
5	煤场盘点	安装仪器时未正确操作	设备损坏	6	2	1	12	1	做好安全交底，作业前做好事故预想	
		高空作业未注意安全掉落	人身伤害	10	2	7	140	3	高空作业做好安全交底	

附表 12

作业地点或分析范围：输煤码头

作业内容描述：清舱作业

主要作业风险：①因通信不畅影响及时通信；因穿戴不合适劳动防护用品、不熟悉巡检路线、导致人员滑跌、坠海和其他人员伤害。②因煤船舱内的煤氧化自燃产生 CO 等有毒气体引起火灾、人员伤害和设备事故。③因人员落水引起人员伤害。④因人员误碰转动设备引起机械伤害。⑤因高空落物引起的物体打击伤害

控制措施：①穿戴合适的劳动防护用品、加强人员巡检路线的熟悉程度。②及时清理甲板积煤、积粉防止人员滑跌。③转动部位防护罩保证完好、设备运行时禁止人员清扫、检修工作。④设备运行区域禁止人员通行、站立和其他检修工作。⑤检查舷梯连接板及人身安全网设施是否完好。⑥人员进入船舱内作业前使用小动物或测氧仪器进行氧气测试，经测试安全后方可下舱作业

编号	作业活动/步骤简短描述	危险条件/危害因素	可能导致的后果/事故	风险评价					现有控制措施	建议改进措施
				L	E	C	D	风险程度		
一	清舱前的准备									
1	准备清舱工器具	拿错或使用错误工具	(1) 人身伤害。 (2) 设备故障	6	1	7	42	2	正确使用合格的工器具	
2	检查清舱车辆	上下车辆人员绊跌	人身伤害	3	6	3	54	2	上下车辆注意安全	
		检查油、水箱时误碰高温部分	人身伤害	6	3	3	54	2	禁止在设备刚停止时裸手接触油箱、水箱	

续表

编号	作业活动/步骤简短描述	危险条件/危害因素	可能导致的后果/事故	风险评价					现有控制措施	建议改进措施
				L	E	C	D	风险程度		
2	检查清舱车辆	误碰设备转动部分造成机械伤害	人身伤害	6	3	3	54	2	确保转动部分的保护罩完好，禁止触碰设备转动部分	
3	检查吊车索具	人站在抓斗的正下方，高空落物伤人	人身伤害	6	6	1	36	2	禁止站在抓斗正下方	
二	清舱作业									
1	上下船舶舷梯	舷梯晃动，人员上下舷梯滑跌	人身伤害	3	10	3	90	3	要求船方可靠固定船舶舷梯，并督促船方装设好舷梯跳板	
		跳板安放不合理，人身安全网铺设不规范造成人员坠海	人身伤害	6	6	3	108	3	码头班长与船方沟通，铺设好人身安全网，保证设施安全可靠；人员上下船专人监护	
2	清理甲板、舱盖板积煤	甲板、舱盖上有大量的煤炭，人员行走在甲板、舱盖板上被杂物绊倒或滑跌	人身伤害	3	6	7	126	3	（1）及时清理甲板、舱盖上的煤炭。 （2）加强安全交底，行走时注意安全	

续表

编号	作业活动/步骤简短描述	危险条件/危害因素	可能导致的后果/事故	风险评价					现有控制措施	建议改进措施
				L	E	C	D	风险程度		
2	清理甲板、舱盖板积煤	船体摇晃导致人员晕船或高处坠落	人身伤害	3	6	3	54	2	因涌浪大造成船体摇晃达1.5°、上下飘浮达1m、横纵向飘移达1.5m时必须停止清仓作业	
		清仓人员逗留在卸船机运行区域，高空落物伤人	人身伤害	6	3	3	54	2	禁止在卸船机作业区域内逗留、通行、清扫	
3	进入船舱前的准备	船舱较长时间密闭通风时间短缺氧，导致人员窒息	人身伤害	10	1	15	150	3	人员进入船舱作业前必须开舱通风2h，并用小动物或测氧仪进行检测合格安全后方可下舱作业	

续表

编号	作业活动/步骤简短描述	危险条件/危害因素	可能导致的后果/事故	风险评价					现有控制措施	建议改进措施
				L	E	C	D	风险程度		
3	进入船舱前的准备	船舱内煤质自燃产生 CO 等有毒气体，致人中毒	人身伤害	10	1	15	150	3	人员进入船舱作业前必须开舱通风2h，并用小动物或测氧仪进行检测合格安全后方可下舱作业	
4	清理舱梯积煤	设备陈旧或煤块坠落伤人	人身伤害	3	3	7	63	2	检查设备完好方可从上而下作业	
		未按规定使用好安全带防坠器，发生高处坠落事故	人身伤害	6	3	3	54	2	清理直梯积煤或直梯上下必须使用好防坠器	

续表

编号	作业活动/步骤简短描述	危险条件/危害因素	可能导致的后果/事故	风险评价					现有控制措施	建议改进措施
				L	E	C	D	风险程度		
5	上下舱梯	舱梯盖开启后，未按规定扦上保险销，盖板砸下伤人	（1）人身伤害。 （2）设备事故	3	3	7	63	2	舱梯盖开启后按规定扦上保险销，并确认无误	
		上下直梯双手未抓牢、脚踏空，造成人员高空坠落事故	人身伤害	10	3	3	90	3	（1）加强安全交底。 （2）高空作业系好安全带	
6	清理舱壁积煤	设备陈旧或煤块坠落伤人	人身伤害	3	3	7	63	2	检查设备完好方可从上而下作业	
		人机混合作业造成事故	人身伤害	3	3	7	63	2	禁止人机混合作业	

附表 13

作业地点或分析范围：输煤码头										
作业内容描述：码头面巡检、码头卫生清扫、系解缆作业										
主要作业风险：①因通信不畅影响及时通信；因穿戴不合适劳动防护用品、不熟悉巡检路线、导致人员滑跌、触电和其他人身伤害。②因粉尘引起火灾、人身伤害和设备事故。③因人员落水引起人身伤害。④因人员误碰转动设备引起机械伤害。⑤因高空落物引起的物体打击伤害										
控制措施：①穿戴合适的劳动防护用品、加强人员巡检路线的熟悉程度；②及时清理积煤、积粉；③启动设备前鸣铃示警、转动部位防护罩保证完好、设备运行时禁止人员清扫、检修工作；④设备运行区域禁止人员通行、站立和其他检修工作										
编号	作业活动/步骤简短描述	危险条件/危害因素	可能导致的后果/事故	风险评价					现有控制措施	建议改进措施
				L	E	C	D	风险程度		
一	巡检前的准备									
1	正确使用工器具	拿错或使用错误工具	(1) 人身伤害。 (2) 设备损坏	3	10	1	30	2	使用合适工具	
2	检查手电筒电池和完好状况	照明不足造成绊倒、摔伤等	人身伤害	3	10	1	30	2	携带手电筒，电源要充足，亮度要足够	

续表

编号	作业活动/步骤简短描述	危险条件/危害因素	可能导致的后果/事故	风险评价					现有控制措施	建议改进措施
				L	E	C	D	风险程度		
3	准备通信设备	充电不足或信号不好影响及时通信	(1) 人身伤害。 (2) 设备损坏	3	10	3	90	3	携带状况良好的通信工具	
4	准备合适的防护用品如工作服、安全帽、防尘口罩、耳塞、手套、工作鞋	使用不充分或不合适防护用品造成滑跌绊跌、碰撞、落物伤害等	人身伤害	3	10	3	90	3	（1）正确佩戴安全帽、防尘口罩、耳塞、手套、工作鞋等。 （2）规范着装（穿长袖工作服，袖口扣好、衣服扣好）	
5	向值班负责人汇报巡检内容	（1）不熟悉巡检路线或去向不明。 （2）准备不充分	伤害后得不到及时救援导致人身伤害	3	10	3	90	3	（1）做好安全交底，交待好安全注意事项。 （2）现场与程控加强沟通	
二	码头巡检内容									
1	码头消防设施检查	码头面油渍引起滑跌	人身伤害	1	10	1	10	1	进入作业现场注意周围环境	

续表

编号	作业活动/步骤简短描述	危险条件/危害因素	可能导致的后果/事故	风险评价					现有控制措施	建议改进措施
				L	E	C	D	风险程度		
2	码头前沿护船垫检查	太靠前沿滑跌落水	人身伤害	3	10	3	90	3	进入码头前沿必须穿好救生衣	
3	码头轨道设施检查	误碰转动设备引起的机械伤害	机械伤害	1	10	15	150	3	确保转动设备护罩完好，防止误碰转动设备及电气设备	
4	码头照明设施检查	误碰带电设备造成触电	（1）触电。 （2）其他伤害	3	10	3	60	2	（1）现场专人监护，相互提醒。 （2）防止误碰电气设备带电部分	
三	码头卫生清扫									
1	准备清扫工具	拿错或使用错误工具	人身伤害	3	10	3	60	2	正确使用合格工器具	

续表

编号	作业活动/步骤简短描述	危险条件/危害因素	可能导致的后果/事故	风险评价					现有控制措施	建议改进措施
				L	E	C	D	风险程度		
2	准备合适的防护用品，如安全帽、防尘口罩、耳塞、手套、工作鞋	使用不充分或不合适防护用品造成滑跌绊跌、碰撞、落物伤害等	人身伤害	3	10	3	90	3	进入作业现场必须穿戴好劳防用品	
3	卫生清扫	不熟悉现场作业环境，走错地方	(1) 人身伤害。 (2) 设备损坏	6	3	3	54	2	做好技术交底和安全培训，确保熟悉现场环境	
		人员进入码头海侧前沿坠海	人身伤害	3	6	1	18	1	进入码头前沿必须穿好救生衣	
		人员进入卸船机作业区域高处落物伤害	人身伤害	6	6	3	108	3	禁止在卸船机运行区域逗留、通行	

续表

编号	作业活动/步骤简短描述	危险条件/危害因素	可能导致的后果/事故	风险评价					现有控制措施	建议改进措施
				L	E	C	D	风险程度		
3	卫生清扫	误用冲洗水冲电气设备和运行中的皮带	设备损坏	6	3	3	54	2	防止冲洗水冲到电气设备或运行中的皮带	
		设备运行时清理皮带下方和转动滚筒上的积煤	人身伤害	6	3	3	54	2	禁止清理运行中的皮带积煤	
四	系解缆作业									
1	准备做作业前的安全措施交底	安全注意事项交底不详，对危险源认识不足，作业中滑跌坠海	人身伤害	1	6	3	18	1	（1）加强安全交底，落实防范措施。 （2）进入码头前沿必须穿好救生衣	

续表

编号	作业活动/步骤简短描述	危险条件/危害因素	可能导致的后果/事故	风险评价					现有控制措施	建议改进措施
				L	E	C	D	风险程度		
2	准备合适的防护用品如安全帽、救生衣、救生圈、手套、工作鞋	使用不充分或不合适防护用品造成滑跌绊跌、碰撞、落物伤害、坠海等	人身伤害	3	10	3	90	3	进入作业现场必须穿戴好劳防用品	
3	系解缆作业	作业人员站立位置不正确造成人员滑跌、坠海、物体打击事故	人身伤害	6	3	7	126	3	(1)禁止面对受力缆绳。 (2)多人同时拖带一根缆绳时要相互配合好，用力一致。 (3)注意站立位置，不能站在死角、不能背对海	
4	系解缆作业的安全监护	监护人员站立位置不正确造成人员滑跌、坠海、物体打击事故	人身伤害	6	3	7	126	3	(1)禁止面对受力缆绳。 (2)注意站立位置，不能站在死角、不能背对海	

附表 14

作业地点或分析范围：输煤码头

作业内容描述：卸船机巡检、卸船机作业

主要作业风险：①因通信不畅影响及时通信；因穿戴不合适劳动防护用品、不熟悉巡检路线、导致人员滑跌、触电和其他人员伤害。②因粉尘引起火灾、人员伤害和设备事故。③因人员落水引起人员伤害。④因人员误碰转动设备引起机械伤害。⑤因高空落物引起的物体打击伤害

控制措施：①穿戴合适的劳动防护用品、加强人员巡检路线的熟悉程度。②及时清理积煤、积粉。③启动设备前鸣铃示警、转动部位防护罩保证完好、设备运行时禁止人员清扫、检修工作。④设备运行区域禁止人员通行、站立和其他检修工作

编号	作业活动/步骤简短描述	危险条件/危害因素	可能导致的后果/事故	风险评价					现有控制措施	建议改进措施
				L	E	C	D	风险程度		
一	巡检前的准备									
1	正确使用工器具	拿错或使用错误工具	(1) 人身伤害。 (2) 设备损坏	3	10	1	30	2	正确使用合适工具	
2	检查手电筒电池和完好状况	照明不足造成绊倒、摔伤等	人身伤害	3	10	1	30	2	携带手电筒，电源要充足，亮度要足够	
3	准备通信设备	充电不足或信号不好影响及时通信	(1) 人身伤害。 (2) 设备损坏	3	10	3	90	3	携带状况良好的通信工具	

续表

编号	作业活动/步骤简短描述	危险条件/危害因素	可能导致的后果/事故	风险评价					现有控制措施	建议改进措施
				L	E	C	D	风险程度		
4	准备合适的防护用品如工作服、安全帽、防尘口罩、耳塞、手套、工作鞋	使用不充分或不合适防护用品造成滑跌绊跌、碰撞、落物伤害等	人身伤害	3	10	3	90	3	（1）正确佩戴安全帽、防尘口罩、耳塞、手套、工作鞋等。 （2）规范着装（穿长袖工作服，袖口扣好、衣服扣好）	
5	向值班负责人汇报巡检内容	（1）不熟悉巡检路线或去向不明。 （2）准备不充分	伤害后得不到及时救援导致人身伤害	3	10	3	90	3	（1）做好安全交底，交待好安全注意事项。 （2）现场与程控加强沟通	
二	巡检内容									
1	大车行走机构	码头面杂物绊跌造成人员伤害	（1）人身伤害。 （2）设备故障	1	10	7	70	2	保持良好的精神状态，禁止酒后上班	
		误碰转动设备造成机械伤害	人身伤害	10	1	15	150	3	定期检查转动设备护罩完好，禁止触摸设备转动部分	
		人员巡检时在抓斗工作范围内逗留、通行，高空落物造成伤害	人身伤害	6	3	3	54	2	巡检时禁止在抓斗工作范围内逗留、通行	

续表

编号	作业活动/步骤简短描述	危险条件/危害因素	可能导致的后果/事故	风险评价					现有控制措施	建议改进措施
				L	E	C	D	风险程度		
1	大车行走机构	误碰带电设备造成触电事故	人身伤害	10	1	15	150	3	禁止触碰设备带电部分，定期检查设备绝缘完好	
2	料斗及给料机构	大车行走或给料电动机工作时整机晃动，上下楼梯不小心发生滑跌	人身伤害	3	10	3	90	3	（1）加强操作技能、安全技能培训，提高人员的安全意识。 （2）上下楼梯抓紧护栏	
		误碰转动设备造成机械伤害	人身伤害	10	1	15	150	3	定期检查转动设备护罩完好，禁止触摸设备转动部分	
		人员巡检时在抓斗工作范围内逗留、通行，高空落物造成伤害	人身伤害	6	3	3	54	2	巡检时禁止在抓斗工作范围内逗留、通行	

续表

编号	作业活动/步骤简短描述	危险条件/危害因素	可能导致的后果/事故	风险评价					现有控制措施	建议改进措施
				L	E	C	D	风险程度		
2	料斗及给料机构	误碰带电设备造成触电事故	人身伤害	10	1	15	150	3	禁止触碰设备带电部分，定期检查设备绝缘完好	
3	司机室行走机构	大车行走或给料电动机工作时整机晃动，上下楼梯不小心发生滑跌	人身伤害	3	10	3	90	3	（1）加强操作技能、安全技能培训，提高人员的安全意识。 （2）上下楼梯抓紧护栏	
		误碰转动设备造成机械伤害	人身伤害	10	1	15	150	3	定期检查转动设备护罩完好，禁止触摸设备转动部分	
		误碰带电设备造成触电事故	人身伤害	10	1	15	150	3	禁止触碰设备带电部分，定期检查设备绝缘完好	

续表

编号	作业活动/步骤简短描述	危险条件/危害因素	可能导致的后果/事故	风险评价					现有控制措施	建议改进措施
				L	E	C	D	风险程度		
4	小车行走机构	大车行走或给料电动机工作时整机晃动，上下楼梯不小心发生滑跌	人身伤害	3	10	3	90	3	（1）加强操作技能、安全技能培训，提高人员的安全意识。 （2）上下楼梯抓紧护栏	
		运行设备造成机械伤害	人身伤害	10	1	15	150	3	定期检查转动设备护罩完好，禁止触摸设备转动部分	
5	起升/开闭机构	大车行走或给料电动机工作时整机晃动，上下楼梯不小心发生滑跌	人身伤害	3	10	3	90	3	（1）加强操作技能、安全技能培训，提高人员的安全意识。 （2）上下楼梯抓紧护栏	
		误碰转动设备造成机械伤害	人身伤害	10	1	15	150	3	定期检查转动设备护罩完好，禁止触摸设备转动部分	

续表

编号	作业活动/步骤简短描述	危险条件/危害因素	可能导致的后果/事故	风险评价					现有控制措施	建议改进措施
				L	E	C	D	风险程度		
5	起升/开闭机构	误碰带电设备造成触电事故	人身伤害	10	1	15	150	3	禁止触碰设备带电部分，定期检查设备绝缘完好	
6	大梁俯仰机构	大车行走或给料电动机工作时整机晃动，上下楼梯不小心发生滑跌	人身伤害	3	10	3	90	3	（1）加强操作技能、安全技能培训，提高人员的安全意识。 （2）上下楼梯抓紧护栏	
		误碰转动设备造成机械伤害	人身伤害	10	1	15	150	3	定期检查转动设备护罩完好，禁止触摸设备转动部分	
		误碰带电设备造成触电事故	人身伤害	10	1	15	150	3	禁止触碰设备带电部分，定期检查设备绝缘完好	

续表

编号	作业活动/步骤简短描述	危险条件/危害因素	可能导致的后果/事故	风险评价					现有控制措施	建议改进措施
				L	E	C	D	风险程度		
7	机械房/电气房	误碰转动设备造成机械伤害	人身伤害	10	1	15	150	3	定期检查转动设备护罩完好，禁止触摸设备转动部分	
		误碰带电设备造成触电事故	人身伤害	10	1	15	150	3	禁止触碰设备带电部分，定期检查设备绝缘完好	
三	卸船机作业									
1	卸船机卸船作业	司机精神状态不佳，操作技能、安全技能不足造成人员伤害及设备损坏事故	(1) 人身伤害。 (2) 设备故障	3	10	7	210	4	持证《特种作业操作证》上岗，保持良好的精神状态，禁止酒后上班	
		人机混合作业造成事故	(1) 人身伤害。 (2) 设备损坏	6	1	7	45	2	禁止人机混合作业	

续表

编号	作业活动/步骤简短描述	危险条件/危害因素	可能导致的后果/事故	风险评价					现有控制措施	建议改进措施
				L	E	C	D	风险程度		
1	卸船机卸船作业	卸船机司机操作不当造成钢丝绳跳槽	设备损坏	3	1	15	45	2	加强司机的技能培训，加大钢丝绳结构巡视力度，实时通过工业电视监视钢丝绳卷筒的运行情况	
2	卸船机起吊清舱机械作业	吊车索具不合格或脱扣造成事故	(1) 人身伤害。 (2) 设备故障	3	6	3	54	2	使用合格的工索具，定期对索具进行检查	
		起吊指挥信号不规范造成事故	(1) 人身伤害。 (2) 设备损坏	3	2	15	90	3	加强技术培训，使用规范起吊指挥信号	

附表 15

作业地点或分析范围：输煤码头、煤场

作业内容描述：推耙机舱底作业、工程机械整场作业

主要作业风险：①因通信不畅影响及时通信；因穿戴不合适劳动防护用品、不熟悉巡检路线、导致人员滑跌、坠海和其他人员伤害。②因煤船舱内的煤氧化自燃产生 CO 等有毒气体引起火灾、人员伤害和设备事故。③因人员落水引起人员伤害。④因人员误碰转动设备引起机械伤害。⑤因高空落物引起的物体打击伤害

控制措施：①穿戴合适的劳动防护用品、加强人员巡检路线的熟悉程度；②及时清理甲板积煤、积粉防止人员滑跌；③转动部位防护罩保证完好、设备运行时禁止人员清扫、检修工作；④设备运行区域禁止人员通行、站立和其他检修工作；⑤检查舷梯连接板及人身安全网设施是否完好；⑥人员进入船舱内作业前使用小动物或测氧仪器进行氧气测试，经测试安全后方可下舱作业

编号	作业活动/步骤简短描述	危险条件/危害因素	可能导致的后果/事故	风险评价					现有控制措施	建议改进措施
				L	E	C	D	风险程度		
一	作业前的准备									
1	准备通信设备	拿错或使用错误工具	(1) 人身伤害。 (2) 设备故障	6	1	7	42	2	正确使用合格的通信工具	
2	检查清舱车辆	上下车辆人员绊跌	人身伤害	3	6	3	54	2	上下车辆注意安全	

续表

编号	作业活动/步骤简短描述	危险条件/危害因素	可能导致的后果/事故	风险评价					现有控制措施	建议改进措施
				L	E	C	D	风险程度		
2	检查清舱车辆	检查油、水箱时误碰高温部分	人身伤害	6	3	3	54	2	禁止在设备刚停止时裸手接触油箱、水箱	
		误碰设备转动部分造成机械伤害	人身伤害	6	3	3	54	2	确保转动部分的保护罩完好，禁止触碰设备转动部分	
3	检查吊车索具	人站在抓斗的正下方，高空落物伤人	人身伤害	6	6	1	36	2	禁止站在抓斗正下方	
二	舱底作业									
1	吊推耙机	钢丝绳断裂，卸具脱扣造成设备损坏	设备损坏	10	0.5	15	75	3	吊推耙机前必须检验钢丝绳、卸具完好	

续表

编号	作业活动/步骤简短描述	危险条件/危害因素	可能导致的后果/事故	风险评价					现有控制措施	建议改进措施
				L	E	C	D	风险程度		
1	吊推耙机	抓斗打转伤人	人身伤害	3	3	7	63	2	吊车区域禁止人员通行、逗留	
2	上下船舶舷梯	舷梯晃动，人员上下舷梯滑跌	人身伤害	3	10	3	90	3	要求船方可靠固定船舶舷梯，并督促船方装设好舷梯跳板	
		跳板安放不合理，人身安全网铺设不规范造成人员坠海	人身伤害	6	6	3	108	3	码头班长与船方沟通，铺设好人身安全网，保证设施安全可靠；人员上下船专人监护	
3	上下舱梯	舱梯盖开启后未按规定扦上保险销，盖板砸下伤人	(1) 人身伤害。 (2) 设备事故	3	3	7	63	2	舱梯盖开启后按规定扦上保险销，并确认无误	

续表

编号	作业活动/步骤简短描述	危险条件/危害因素	可能导致的后果/事故	风险评价					现有控制措施	建议改进措施
				L	E	C	D	风险程度		
3	上下舱梯	上下直梯双手未抓牢、脚踏空，造成人员高空坠落事故	人身伤害	10	3	3	90	3	（1）加强安全交底。 （2）高空作业系好安全带	
4	舱底耙煤作业	对船舱内设备不了解作业时损坏船方设备	设备损坏	6	2	3	36	2	作业前做好安全交底和技术培训，确保熟悉船舱构造	
		长时间作业人员疲惫，操作不当损坏设备	设备损坏	6	2	3	36	2	作业人员定期轮换，禁止疲劳驾驶	
		人机混合作业造成人员伤害	人身伤害	10	1	15	150	3	禁止人机混合作业	

续表

编号	作业活动/步骤简短描述	危险条件/危害因素	可能导致的后果/事故	风险评价					现有控制措施	建议改进措施
				L	E	C	D	风险程度		
三	工程机械整场、倒堆作业									
	煤场整场、倒堆作业	煤场堆高后容易坍塌掩埋工程机械	(1) 人身伤害。 (2) 设备损坏	6	2	3	36	2	工程机械及时对煤堆进行压实、倒堆，防止煤堆坍塌和自燃	
		煤场倾斜度很大工程机械发生侧翻、滑落	(1) 人身伤害。 (2) 设备损坏	6	3	3	54	2	做好工程机械陷落、侧翻、滑落的事故预想和防范措施	
		斗轮机、工程车辆交叉作业	(1) 人身伤害。 (2) 设备损坏	10	2	3	60	2	工程机械与斗轮机禁止交叉作业	
		工程机械陷入煤堆	设备损坏	3	10	1	30	2	加强对工程机械司机的技术和安全培训工作	

附表 16

作业地点或分析范围：燃料系统

作业内容描述：直流系统操作

主要作业风险：①操作任务不明确、操作对象不清就进行操作，导致误操作引发人身伤害、设备损坏；②查找直流系统接地时误操作，造成误送电或设备误带电；③因走错间隔、误拉或误合开关造成触电、电弧灼伤、火灾和设备异常或故障；④测绝缘电阻之前未验电、未正确使用绝缘手套和防护面罩导致触电、电弧灼伤

控制措施：①明确操作任务和操作对象；②正确填写、核对操作票；③操作前认真核对设备名称和编号，严格执行操作监护制度；④测绝缘之前使用合格的验电器验明设备不带电方可工作，工作时穿好绝缘靴，正确佩戴绝缘手套和防电弧面罩；⑤加强五防管理，防止误碰带电设备

编号	作业活动/步骤简短描述	危险条件/危害因素	可能导致的后果/事故	风险评价					现有控制措施	建议改进措施
				L	E	C	D	风险程度		
一	操作前准备									
1	接收指令	操作对象、操作任务不清楚	（1）触电、电弧灼伤。 （2）火灾	1	6	15	90	3	（1）检修人员办理工作票时写明操作设备。 （2）确认操作对象和任务	

续表

编号	作业活动/步骤简短描述	危险条件/危害因素	可能导致的后果/事故	风险评价					现有控制措施	建议改进措施
				L	E	C	D	风险程度		
2	检查设备工况符合操作条件	设备工况不满足停、送电条件就进行电气操作	(1) 人身伤害。 (2) 设备损坏	3	3	15	135	3	(1) 检查相关工作票完工情况。 (2) 工作票负责人和许可人共同到现场检查相关设备工况。 (3) 工作票许可人确认相关设备具备停、送电条件	
3	确定操作对象和核对设备运行方式	没有核对清楚要操作的设备，走错间隔，误操作其他设备	(1) 人身伤害。 (2) 设备损坏	3	3	15	135	3	(1) 正确核对现场设备名称与编号，在系统图上确认设备间隔。 (2) 按规定执行操作监护	
4	填写操作票	(1) 操作票填写错误或步骤不合理引起误操作。 (2) 一份操作票填写多个操作任务导致误操作	(1) 人身伤害。 (2) 设备损坏	3	3	15	135	3	(1) 正确填写操作票，核对填写内容准确无误。 (2) 严格执行操作监护制度。 (3) 每份操作票只能填写一个操作任务	

续表

编号	作业活动/步骤简短描述	危险条件/危害因素	可能导致的后果/事故	风险评价					现有控制措施	建议改进措施
				L	E	C	D	风险程度		
5	选择合适的工器具	工器具未经检验或检验不合格或选择不当	（1）人身伤害。 （2）设备损坏	1	3	15	45	2	（1）选择经检验合格的操作工器具。 （2）检查所用的工具必须完好。 （3）正确使用工器具	
6	穿戴合适的劳护用品	穿戴不合适的劳护用品	（1）触电、电弧灼伤。 （2）其他人身伤害	1	3	15	45	2	（1）戴安全帽、穿绝缘鞋。 （2）穿长袖工作服，扣好衣服和袖口。 （3）戴绝缘手套，防电弧面罩	
7	通信联系	通信不畅或错误引起误操作、人员受到伤害时延误施救时间	扩大事故，加重人身伤害程度	3	3	15	135	3	携带可靠通信工具，操作时并保持联系	更换性能更好的通信设备

续表

编号	作业活动/步骤简短描述	危险条件/危害因素	可能导致的后果/事故	风险评价					现有控制措施	建议改进措施
				L	E	C	D	风险程度		
二	直流系统操作									
1	操作直流屏电源开关	(1)误拉或误合开关导致设备异常断电或带电。 (2)误触带电体造成电弧伤害。 (3)操作次序出错	(1)触电、电弧灼伤。 (2)设备事故	3	3	15	135	3	(1)核实操作票内容，严格执行操作票。 (2)双人确认正确设备位置、名称编号。 (3)严格唱票，复诵。 (4)谨防误碰或接触带电体。 (5)切断电气开关后必须挂警示牌	
2	直流配电屏电源切换开关ASCO432操作	负荷开关未断开时进行操作	(1)人身伤害。 (2)设备损坏	10	2	1	20	1	确认所有负荷开关均已断开方可进行操作	

续表

编号	作业活动/步骤简短描述	危险条件/危害因素	可能导致的后果/事故	风险评价					现有控制措施	建议改进措施
				L	E	C	D	风险程度		
2	直流配电屏电源切换开关ASCO432操作	有检修工作时进行送电操作	人身伤害	10	2	15	300	4	确认检修工作已终结，所有安措已恢复时方可进行送电	
		无法正常切换备用电源导致失电	设备损坏	3	2	1	6	1	操作前做好事故预想，及时恢复电源，通知检修处理故障	
		电源切换机构卡涩、变形，产生电弧	（1）人身伤害。 （2）设备损坏	6	2	3	36	2	定期进行切换试验，检查机构的完整性	
		直流系统接地或感应、窜入交流分量	（1）设备损坏。 （2）其他设备故障	6	2	3	36	2	检查输煤直流系统无接地、无交流分量（感应、外窜），才可进行切换	

续表

编号	作业活动/步骤简短描述	危险条件/危害因素	可能导致的后果/事故	风险评价					现有控制措施	建议改进措施
				L	E	C	D	风险程度		
2	直流配电屏电源切换开关ASCO432操作	开关柜接地不良，设备外壳带电	触电人身伤害	6	2	3	36	2	操作前确认开关柜接地良好，各开关状态正常	
3	设备检修后恢复送电	(1) 走错间隔。 (2) 设备未摇绝缘即投入使用。 (3) 误拉或误合开关，误触带电体。 (4) 开关本身有缺陷	(1) 触电、电弧灼伤。 (2) 其他人身伤害。 (3) 设备事故	3	3	15	135	3	(1) 核实操作票内容，严格执行操作票。 (2) 双人确认设备间隔正确、核对设备名称和编号，严格执行唱票，复诵。 (3) 设备配电屏检修后必须测量绝缘合格后方可送电。 (4) 与开关保持一定距离。 (5) 考虑好开关爆炸时的撤离线路。 (6) 工作位置禁止在就地进行开关合闸	

续表

编号	作业活动/步骤简短描述	危险条件/危害因素	可能导致的后果/事故	风险评价					现有控制措施	建议改进措施
				L	E	C	D	风险程度		
4	查找直流接地故障	(1)误拉或误合开关导致设备异常断电或带电。 (2)误触带电体造成电弧伤害。 (3)设备故障未查清进行切换和送电	(1)触电、电弧灼伤。 (2)其他人身伤害。 (3)设备事故。 (4)设备损坏	3	3	15	135	3	(1)查找直流接地时要采用瞬时停电法。 (2)检修人员到场后方可开始工作,运行配合检修人员检查查找。 (3)设备故障排除之前禁止进行切换和送电操作	
5	测绝缘电阻	(1)被测端带电。 (2)表计带电	(1)触电、电弧灼伤。 (2)其他人身伤害	3	3	15	135	3	(1)测试前验明被测端无电压。 (2)必须戴绝缘手套。 (3)不接触表计测试头	

续表

编号	作业活动/步骤简短描述	危险条件/危害因素	可能导致的后果/事故	风险评价					现有控制措施	建议改进措施
				L	E	C	D	风险程度		
三	作业环境									
	室内潮湿	设备潮湿引起短路	(1)触电、电弧灼伤。 (2)其他人身伤害。 (3)设备事故	1	3	15	45	2	(1)操作前检查室内湿度，湿度过大应采取相应措施。 (2)保持设备干燥	

参 考 文 献

[1] 北京国华电力技术研究中心有限公司. 电力生产重大事故案例汇编. 北京：中国电力出版社，2007.

[2] 黑龙江省电力公司. 发电企业岗位事故选编. 北京：中国电力出版社，1999.